U0179529

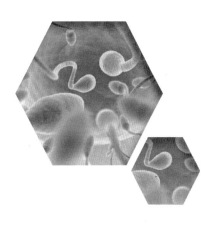

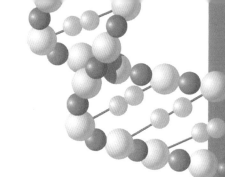

国家级实验教学示范中心建设成果

浙江大学农业与生物技术学院组织编写

高等院校实验实训系列规划教材

# 分子生物学实验（第二版）

## Experiments of Molecular Biology
## (Second Edition)

主　编◎吴建祥　李桂新

副主编◎谢　艳　钱亚娟　刘小红　胡伯里　傅　帅

ZHEJIANG UNIVERSITY PRESS
浙江大学出版社
国家一级出版社
全国百佳图书出版单位
·杭州·

图书在版编目(CIP)数据

分子生物学实验/吴建祥,李桂新主编.—2版
.—杭州:浙江大学出版社,2023.3
ISBN 978-7-308-21001-0

Ⅰ.①分… Ⅱ.①吴… ②李… Ⅲ.①分子生物学—
实验 Ⅳ.①Q7-33

中国版本图书馆 CIP 数据核字(2020)第 252672 号

分子生物学实验(第二版)

FENZI SHENGWUXUE SHIYAN

吴建祥 李桂新 主编

| | | |
|---|---|---|
| 丛书策划 | 阮海潮(1020497465@qq.com) | |
| 责任编辑 | 阮海潮 | |
| 责任校对 | 王元新 | |
| 封面设计 | 续设计 | |
| 出版发行 | 浙江大学出版社 | |
| | (杭州市天目山路 148 号 邮政编码 310007) | |
| | (网址:http://www.zjupress.com) | |
| 排 版 | 杭州青翊图文设计有限公司 | |
| 印 刷 | 广东虎彩云印刷有限公司绍兴分公司 | |
| 开 本 | 787mm×1092mm 1/16 | |
| 印 张 | 10.75 | |
| 字 数 | 275 千 | |
| 版 印 次 | 2023 年 3 月第 2 版 2023 年 3 月第 1 次印刷 | |
| 书 号 | ISBN 978-7-308-21001-0 | |
| 定 价 | 37.00 元 | |

版权所有 翻印必究 印装差错 负责调换

浙江大学出版社市场运营中心联系方式:0571-88925591;http://zjdxcbs.tmall.com

# 序

浙江大学农业与生物技术学院有着百年发展历史。无论是在院系调整前的浙江大学农学院时期，还是在院系调整后的浙江农学院、浙江农业大学时期，无数前辈为农科教材的编写呕心沥血、勤奋耕耘，出版了大量脍炙人口、影响力大的精品。仅1956年，浙江农学院就有13门课程的讲义被教育部指定为全国交流讲义；到1962年底，浙江农业大学有16部教材被列为全国试用教材；1978年主编的15部教材被指定为全国高等农业院校统一教材，全校40％的教师参加了教材的编写工作；1980—1998年间，浙江农业大学共出版61部教材，其中11部教材为全国统编教材。这些教材的普及应用为浙江大学农科教学在全国农学领域树立声望奠定了坚实的基础。

1998年，浙江农业大学回到浙江大学的大家庭，并由原来的农学系、园艺系、植物保护系、茶学系等合并组建了农业与生物技术学院。在新的浙江大学学科综合、人才会聚的背景下，农业学科的本科教学得到了进一步的发展。学院实施了"名师、名课、名书"工程，所有知名教授都走进了本科课程教学的讲堂；"遗传学""园艺产品储运学""植物保护学""环境生物学""生物入侵与生物安全"等5门课程被评为国家级精品课程，"生物统计学与试验设计"被评为国家级双语教学课程，"茶文化与茶健康""植物保护学"已被正式列入中国大学视频公开课；2000—2010年间，学院共出版教材39部，《遗传学》等9部教材入选普通高等教育"十一五"国家级规划教材。学院非常重视本科实验教学，建院初期就将各系所的教学实验室进行整合，成立了实验教学中心，负责全院的实验教学工作。经过十多年建设，中心已于2013年正式被教育部命名为"农业生物学实验教学示范中心"。目前中心每年面向农学、园艺、植保、茶学、园林、应用生物科学等10多个专业开设90门实验课程、450个实验项目。所有实验指导教师也都是来自科研一线的教师,其中具有正高职称的教师的比例接近一半,成为中心实验教学的一大亮点。

　　为了鼓励教师及时更新实践教学内容,将最新的学科发展融入教材,学院组织各个学科的一线实验指导教师编写农业与生物技术实验指导丛书,并邀请了多位浙江大学的著名教授和浙江大学出版社的专家进行指导,力争出版的教材能很好地反映我院多年来的教学和科研成果,争取出精品、出名品。现在首批教材终于付梓出版了,在此我们感谢为本丛书编写和出版付出辛勤劳动的广大教师和出版社的工作人员,并恳请读者和教材使用单位对本丛书提出批评意见和建议,以便今后进一步改正和修订。

　　　　　　　　　　　　　　　　　　　**浙江大学农业与生物技术学院**

# 前　言

　　21 世纪是生命科学的世纪,一方面,生命科学的发展促进了新的分子生物学实验技术的诞生和老技术的不断完善,另一方面,新的分子生物学实验技术和老技术的完善推动了生命科学的快速发展,实验技术和生命科学的快速发展,两者相得益彰。目前,国内外已出版了多部相关图书,对生物技术的教学与科研工作起到了重要的指导作用。但是,我们发现已有相关图书提供的内容非常经典,没有一部能较全面地将生命科学领域中的分子生物学实验新技术和新方法整合起来。为了改变该现状,我们于 2014 年 7 月出版了《分子生物学实验》第一版。我们以《分子生物学实验》第一版为教材开设了本科生的"分子生物学实验""细胞与分子生物学实验""分子生物学及实验"和"免疫学及其应用技术"等 4 门课程,并开设了研究生的"基因工程实验技术"课程。学生争相选课,上课学生高度评价这些课程,教学质量均达到优良,学生的分子生物学实验技术有了快速的提升。但由于分子生物学实验技术的发展日新月异,老技术不断完善的同时,新技术、新方法层出不穷,并渗透到生命科学的各个领域,所以有必要将这些最新的、最常用的实验技术及时补充到实验教材中,与时俱进,全面系统地介绍分子生物学实验的基本原理与技术及方法。鉴于此,我们在《分子生物学实验》第一版的基础上进行了修订,对第一版的内容进行了更新、完善及丰富,从而更好地为生命科学研究与教学提供分子生物学实验知识与技术支撑。

　　本书共分 16 章,全面、详细、系统地介绍了分子生物学实验的基本原理与技术、试剂配制、操作步骤及注意事项。内容涉及质粒 DNA 的提取与鉴定、DNA 琼脂糖凝胶电泳和 RNA 甲醛琼脂糖凝胶变性电泳、质粒 DNA 的限制性内切酶酶切鉴定及 DNA 的割胶回收与纯化、特异 DNA 片段与载体的连接反应、大肠杆菌感受态细胞的制备及连接产物的转化与鉴定、PCR/RT-PCR 及 qPCR 扩增技术、微生物及动植物组织基因组 DNA 的提取、动植物总 RNA 的提取、蛋白质的

SDS-PAGE 电泳及 Western blot 分析、核酸分子杂交、RELP 及 RAPD 技术、基因的原核表达和真核表达及纯化、蛋白互作分析实验和酶联免疫吸附试验等实验技术。

为了方便教学，提高教学质量，可浏览相关教学网站 http://www.zwx.zju.edu.cn，并提宝贵意见。

限于编者的学术水平与编写经验，书中缺点和错误在所难免，恳求各位读者不吝指正，以期再版时予以修正和完善（邮箱：wujx@zju.edu.cn）。

编者
于浙江大学

# 目　　录

# 第一章　质粒 DNA 的分离、纯化和鉴定

## 第一节　概　述

大多数 DNA 片段不具备自我复制和表达的能力,所以为了能够在寄主细胞中进行繁殖和表达,就必须将这种 DNA 片段连接到一种特定的具备自我复制和表达能力的 DNA 分子上,这种 DNA 分子称作载体(vector),即载体是通过重组 DNA 技术把一个目的 DNA 片段送进受体细胞中进行复制和表达的 DNA 分子。目前,经常使用的载体主要有质粒载体、λ 噬菌体载体、黏粒载体、M13 噬菌体载体、动植物病毒载体、动物细胞表达载体、植物细胞表达载体等。以功能来分,载体可以分为克隆载体、表达载体、测序载体及在两个不同物种细胞中均能存在的穿梭载体。目前常用载体有以下几种。

质粒(plasmid)是重组 DNA 技术中最常见的载体。质粒广泛存在于细菌中,是细菌染色体外具有自我复制能力的一种小分子环形双链 DNA 分子,大小从 1 到 200kb 不等,呈超螺旋状态存在于宿主细胞中,能自由进出细菌细胞,当插入一段外来的 DNA 片段后,它依然能自我复制,因此,质粒是一种理想的载体。质粒主要发现于细菌、放线菌和真菌细胞中,它具有自主复制和转录的能力,能在子代细胞中保持恒定的拷贝数,并表达所携带的遗传信息。质粒的复制和转录主要依赖于宿主细胞编码的某些酶和蛋白质,如果离开宿主细胞则不能存活,而宿主即使没有它们也可以正常存活。质粒的存在使宿主具有一些额外的特性,如对抗生素的抗性等。F 质粒(又称 F 因子或性质粒)、R 质粒(抗药性因子)和 Col 质粒(产大肠杆菌素因子)等都是常见的天然质粒。

根据复制方式不同质粒分为两种类型:紧密控制型和松弛控制型。前者只在细胞周期的一定阶段进行复制,当染色体不复制时,它也不能复制,通常每个细胞内只含有 1 个或几个质粒分子,如 F 因子。后者在整个细胞周期内随时可以复制,在每个细胞中有许多个拷贝,一般在 20 个以上,如 Col E1 质粒。在使用蛋白质合成抑制剂——氯霉素时,细胞内蛋白质合成、染色体 DNA 复制和细胞分裂均受到抑制,紧密型质粒停止复制,而松弛型质粒继续复制,质粒拷贝数可由原来的 20 多个扩增至 1000～3000 个,此时质粒 DNA 占总 DNA 的含量可由原来的 2% 增加至 40%～50%。

质粒具有不相容性,即利用同一复制系统的不同质粒不能在同一宿主细胞中共同存在。当两种质粒被同时导入同一细胞时,它们在复制及随后分配到子细胞的过程中彼此竞争,在一些细胞中,一种质粒占优势,而在另一些细胞中另一种质粒却占上风。当细胞生长几代后,占少数的质粒将会丢失,因而在细胞后代中只有两种质粒中的一种,这种现象称质粒的不相容性。而利用不同复制系统的质粒则可以稳定地共存于同一宿主细胞中。

质粒通常含有编码某些酶的基因,其表型包括对抗生素的抗性,产生某些抗生素,降解复

杂有机物,产生大肠杆菌素和肠毒素及某些限制性内切酶与修饰酶等。应用的细菌质粒往往携带一些抗药性基因,如抗氨苄青霉素基因、抗四环素基因等,这些基因通常称为标记基因,标记基因的存在给 DNA 克隆带来了很大的方便。通过在细菌培养基中加入一些抗生素,可以将含有重组质粒的细菌与其他细菌区分开来。

细菌内的天然质粒往往不能满足作为 DNA 克隆载体的要求,因此需要对其进行改造。例如某些细菌质粒太大,使拷贝数相应减少,不利于提高基因克隆的产量和纯度,也不便于对重组质粒进行酶切分析,因此需要去除一些复制非必需区段和不含选择性标记的区段,使它变小;某些质粒含有同一种限制性内切酶的许多酶切位点,这样,在用这种限制性内切酶进行酶切时,往往形成好几个片段,这就失去了作为克隆载体的价值,因此对于这类具有多切点的载体,需要加以人工改造,使其只保留一个酶切点,等等。大多数质粒载体带有一些多用途的辅助序列,这些用途包括通过组织化学方法肉眼鉴定重组克隆、产生用于序列测定的单链 DNA、体外转录外源 DNA 序列、鉴定片段的插入方向、外源基因的大量表达等。常用的质粒载体大小一般在 2kb 至 10kb 之间,DNA 克隆常用的质粒载体主要有 pBR322、pUC、pEGM 系列、pBluescript(简称 pBS)、pET 表达载体系列、pGEM-T 载体等,它们都是以天然质粒为材料人工构建而成的。

λ噬菌体(λ phage)载体用于基因文库和基因表达文库的构建,可容纳 20kb 的外源 DNA。质粒作为 DNA 克隆的载体具有快速、方便的特点,但是质粒能容纳外源 DNA 片段的长度一般不能长于 10kb,而 DNA 克隆实验中,克隆的目的基因片段长度常常超过 10kb,这样我们就要用到 λ噬菌体载体。λ噬菌体是一种感染大肠杆菌的双链 DNA 病毒,由头部和尾部两部分组成,很像一只小蝌蚪。λ噬菌体中的 DNA 常称为λDNA。λDNA 大小约为 50kb,在 λ噬菌体颗粒中它是以线状形式存在,线状分子两头的 5′端均为长 12 核苷酸的单链,这两段单链序列互补,成为天然的黏性末端(cohensive site,cos),当 λ噬菌体侵入大肠杆菌后,线状 DNA 分子借助黏性末端连接成环状分子。λ噬菌体感染大肠杆菌后呈现两种类型的生长状态,即溶菌性生长状态和溶原性生长状态。呈现溶菌性生长状态时,λDNA 在大肠杆菌内能进行独立的自我复制,并装配成大量成熟的 λ噬菌体颗粒,结果导致大肠杆菌裂解;呈现溶原性生长状态时,λ噬菌体的生长周期中断,λDNA 整合至大肠杆菌的基因组 DNA 中,λDNA 不能独立进行复制,也不能形成新的 λ噬菌体,被感染的大肠杆菌不会发生裂解。用 λ噬菌体作基因克隆载体就是利用它的溶菌性生长特性。

天然的 λ噬菌体并不符合作克隆载体的要求,因而需要对 λ噬菌体进行改造。改造时将 λDNA 中间的核苷酸区段删掉,另外,需将 λDNA 中一些限制性核酸内切酶的多酶切位点改造为单酶切或双酶切位点。λ噬菌体载体有两类,一类是替换型载体,另一类是插入型载体。

1. 替换型载体:这类载体的 DNA 具有一个限制性核酸内切酶的两个切点,两点间为非必需基因区,可以插入目的基因。由于 λ噬菌体具有一个特殊性质,即只有 λDNA 的长度介于天然 λ噬菌体 DNA 长度的 75%～105%时,才能被包装形成噬菌体颗粒,当用特定的限制性核酸内切酶切开 λDNA 后,目的基因可以连接于左右两臂之间,形成足够长度的 DNA 片段而被包装。相反,如果没有外源 DNA 的插入,由左右两臂直接融合起来的缺损基因,由于长度不足,不能被包装,从而提供了一个筛选重组 λDNA 的标记。λ噬菌体载体的非必需 DNA 区段中,常插入一些标记基因,当此区段被外源 DNA 置换时,噬菌体的表型便发生改变,因此,根据噬菌体的表型也可以筛选重组体。替换型载体可以插入长度为 20kb 的外源 DNA。

2.插入型载体:这类 λ 噬菌体的 DNA 已经失去了非必需区,仅保留了 $EcoR$ I 的单一酶切位点,而且这个酶切位点又位于标记基因内,故在切开 λDNA 并插入外源基因后,标记基因失活,以此可以进行重组体的筛选。插入型载体可插入长度为 10kb 的外源 DNA。

M13 噬菌体是一种细丝状大肠杆菌噬菌体,含单链环状 DNA 分子,长约 6.4kb。选择 M13 噬菌体作 DNA 克隆载体,是因为 M13 噬菌体能直接克隆出单链 DNA 分子,这对目的基因的测序、诱变和制备探针非常有用。M13 噬菌体作克隆载体无须作大的改造,只需在其 DNA 分子中插入一个选择性标记基因,以后拟克隆的目的基因就插入在此标记基因内。用 M13 噬菌体进行基因克隆时,先需将其单链 DNA 复制成双链 DNA 分子,然后再将目的基因插入双链 DNA 分子中,重组 DNA 分子进入大肠杆菌后,进入复制循环,产生只含一条 DNA 链的子代噬菌体颗粒。

黏粒载体(cosmid)是将 λ 噬菌体 DNA 中的黏性末端位点(cos 位点)引入质粒中形成的一种特殊的质粒载体。黏粒载体主要由 cos 位点、$E.coli$ 复制起始位点和抗生素抗性基因三部分组成,兼有质粒和噬菌体的特性。λ 噬菌体颗粒能容纳 DNA 的最大范围是 38～52kb,由于 λ 噬菌体载体 DNA 本身长度为 28～30kb,故 λDNA 载体可克隆的最大外源 DNA 片段长度为 22kb。不过,后来人们发现,λDNA 被包装时的识别序列只是 cos 位点及其附近很小的一段区域,若将 λDNA 的这段区域(简称 cos 位点)插入到质粒载体中,则克隆的外源 DNA 片段可以加大。正是基于这种构想,1978 年柯林斯(Collins)和何恩(Hohn)等构建了黏粒载体。目前所用的黏粒载体一般为 6kb,故在黏粒中克隆的外源 DNA 的长度可达 32～45kb,约为 λ 噬菌体载体克隆长度(20kb)的两倍。

天然染色体基本功能单位包括复制起始点、着丝粒和端粒。复制起始点保证了染色体复制,着丝粒保证了染色体分离,端粒封闭了染色体末端,防止黏附到其他断裂端,保证了染色体的稳定存在。人们为了克隆大片段 DNA,利用 DNA 体外重组技术分离了天然染色体的基本功能元件并将它们连接起来构建成克隆载体即人工染色体(artificial chromosome),其可容纳较大的外源基因,如细菌人工染色体(bacterial artificial chromosome,BAC)可容纳 300～350kb 的插入序列,酵母人工染色体(yeast artificial chromosome,YAC)可容纳大于 1Mb 的 DNA 片段。哺乳动物人工染色体(mammal artificial chromosome)是指从哺乳动物细胞中分离出染色体的复制起始区、端粒以及着丝粒构建而成的克隆载体,它可以克隆大于 1000kb 的外源 DNA 片段。

穿梭载体:具有真核细胞和细菌质粒序列,如有真核细胞和原核细胞的质粒复制子,既能在原核细胞中复制、表达,也能在真核细胞中复制、表达。

酵母附加型质粒:可像质粒一样复制,还可整合进酵母染色体 DNA 中。

农杆菌 Ti 质粒:通过农杆菌介导将其左右边界间的基因整合入植物细胞的染色体中,其用于植物转基因。

动植物 DNA 病毒:如猪圆环病毒及植物双生病毒载体,分别用于基因在动植物细胞中的表达。

昆虫杆状病毒载体:用于基因在 Sf9 等昆虫细胞表达。

动植物 RNA 病毒载体:如猴肾病毒 SV40 及逆转录病毒、烟草脆裂病毒等用于动植物细胞中的表达。

这些载体虽然在相对分子质量大小、结构、特性和用途上存在着较大的差异,但是作为载体,它们应该具有以下共同的特性:

1. 能在宿主细胞内进行独立和稳定的 DNA 自我复制。在其 DNA 中插入外源基因后,仍然保持着稳定的复制状态和遗传特性。

2. 为小的松弛型质粒,相对分子质量小,多拷贝,而且便于提取和纯化。

3. 质粒 DNA 的序列、结构和功能清楚,便于进行基因操作。

4. DNA 序列中含有多个单一的限制性核酸内切酶位点,这些内切酶位点集中在一个很小的区段,此区段称为多克隆位点(multiple cloning site,MCS),在 MCS 插入外源基因后,不影响质粒自身的复制。

5. 插入了外源基因的重组质粒,易导入宿主细胞内进行复制和表达。

6. 具有一个或几个标记基因,而且限制性内切酶的单一切点恰好在此标记基因内,由于插入外源基因,这个标记基因失活,从而便于筛选重组体,即具有容易操作的检测表型。

质粒 DNA 提纯的原理:从细菌中分离质粒 DNA 的方法一般包括 3 个基本步骤,即培养细菌使质粒扩增,收集和裂解细胞,分离和纯化质粒 DNA。采用溶菌酶可以破坏菌体细胞壁,而十二烷基硫酸钠(SDS)和 Triton X-100 可使细胞膜裂解。经溶菌酶和 SDS 或 Triton X-100 处理后,细菌染色体 DNA 会缠绕附着在细胞碎片上,同时由于细菌染色体 DNA 比质粒大得多,易受机械力和核酸酶等的作用而被切断成大小不同的线性片段。当用强热或酸、碱处理时,细菌的线性染色体 DNA 变性,而共价闭合环状质粒 DNA(covalently closed circular DNA,简称 cccDNA)的两条链不会相互分开,当外界条件恢复正常时,线状染色体 DNA 片段难以复性,而是与变性的蛋白质和细胞碎片缠绕在一起,经离心而沉淀,而质粒 DNA 双链又恢复原状,重新形成天然的超螺旋分子,并以溶解状态存在于液相中。

碱法提取质粒 DNA 的原理:用含 SDS 的碱性溶液即溶液Ⅱ裂解大肠杆菌细胞、变性蛋白质和染色体 DNA,然后用溶液Ⅲ中和提取液的 pH 以使质粒 DNA 双链又恢复原状,重新形成天然的超螺旋分子,并以溶解状态存在于液相中,而线状染色体 DNA 片段难以复性,并与变性的蛋白质和细胞碎片缠绕在一起而沉淀,在溶液中只剩下质粒 DNA 和 RNA。溶液中的 RNA 可用 RNA 酶 A 降解,从而使溶液中仅仅留下质粒 DNA。

在细菌细胞内,共价闭环质粒以超螺旋形式存在。在提取质粒过程中,除了超螺旋 DNA 外,还会产生其他形式的质粒 DNA。如果质粒 DNA 两条链中有一条链发生一处或多处断裂,分子就能解螺旋而消除链的张力,形成松弛型的环状分子,称开环 DNA(open circular DNA,ocDNA);如果质粒 DNA 的两条链在同一处断裂,则形成线状 DNA(linear DNA)。当提取的质粒 DNA 电泳时,同一质粒 DNA 其超螺旋形式的泳动速度要比开环和线状分子的泳动速度快。

试剂盒提取质粒 DNA 的原理:目前市面上质粒提取试剂盒大多数是采用传统的碱裂解法质粒提取原理,不同之处在于纯化方式,菌体加入溶液Ⅰ、Ⅱ、Ⅲ后离心,把上清加入吸附柱子中,上清中的质粒 DNA 在高盐、低 pH 值状态下被柱子中的硅胶膜选择性吸附,而蛋白质不被吸附。再通过去蛋白液和漂洗液将杂质和其他细菌成分去除,最后用低盐、高 pH 值的洗脱缓冲液将纯净质粒 DNA 从硅胶膜上洗脱下来。

# 第二节　碱法提纯质粒 DNA

## 一、设备

移液枪一套,台式高速离心机,恒温振荡摇床,高压蒸汽灭菌锅,涡旋振荡器,电泳仪,琼脂糖平板电泳装置,恒温水浴锅,凝胶成像系统。

## 二、材料

含 pGEM-T、pBS 等质粒的 *E. coli* DH5α 或 JM 系列大肠杆菌菌株,Eppendorf 离心管,离心管架,试管,平皿等

## 三、试剂

1. LB(Luria-Bertani)液体培养基:10g 胰蛋白胨(tryptone),5g 酵母提取物(yeast extract),10g NaCl,溶于 950ml 去离子水中,用 1mol/L NaOH 溶液调 pH 至 7.5,加去离子水至总体积 1L,121℃ 20min 高压蒸汽灭菌。

2. LB 固体培养基:液体培养基中每升加 12g 琼脂粉,高压灭菌。

3. 氨苄青霉素(AMP)母液:配成 50mg/ml 水溶液,-20℃ 保存备用。

4. 3mol/L NaAc(pH 5.2):50ml 水中溶解 40.81g NaAc·3$H_2O$,用冰醋酸调 pH 至 5.2,加水定容至 100ml,高压灭菌后储存于 4℃ 冰箱。

5. 0.5mol/L EDTA(pH 8.0):186.1g EDTA·2$H_2O$ 加入 800ml 蒸馏水中,磁力搅拌器强力搅拌,用氢氧化钠(约 20g)调 pH 至 8.0,定容至 1L,高压灭菌。注:EDTA 二钠盐只有当溶液 pH 用氢氧化钠调至 8.0 左右时才能溶解。

6. 1mol/L Tris·HCl(pH 8.0):在 800ml 蒸馏水中溶解 121.91g Tris 碱[三(羟甲基)氨基甲烷],溶液冷至室温后方可用浓盐酸调 pH 至 8.0,加水定容至 1L,分装后高压灭菌。

7. 10% SDS(十二烷基硫酸钠):在 90ml 蒸馏水中溶解 10g SDS,加热至 68℃ 助溶,加入几滴浓盐酸调节 pH 至 7.2,加水定容至 100ml。

注:10% SDS 无须高压灭菌,SDS 有毒,且微细晶粒易于扩散,故称量时要戴口罩,称量完后要清除在称量工作区和天平上的 SDS。

8. 溶液Ⅰ:50mmol/L 葡萄糖,25mmol/L Tris·HCl(pH 8.0),10mmol/L EDTA(pH 8.0),高压灭菌。

9. 溶液Ⅱ:0.2mol/L NaOH(临用前用 10mol/L NaOH 母液稀释),1% SDS(用 10% 的 SDS 母液稀释),不用高压灭菌,室温保存。

10. 溶液Ⅲ:5mol/L KAc 60ml,冰醋酸 11.5ml,$H_2O$ 28.5ml,定容至 100ml,高压灭菌。

11. RNA 酶 A 母液:将 RNA 酶 A 溶于 10mmol/L Tris·HCl(pH 7.5),15mmol/L NaCl 溶液中,配成 10mg/ml 的溶液,于 100℃ 加热 15min,使混有的 DNA 酶失活。冷却后用 1.5ml Eppendorf 离心管分装成小份保存于 -20℃。

12. 饱和酚:市售酚中含有醌等氧化物,这些产物可引起 DNA 磷酸二酯键的断裂并导致

RNA 和 DNA 的交联,应在 160℃用冷凝管进行重蒸。重蒸酚加入 0.1‰的 8-羟基喹啉(作为抗氧化剂),并用等体积的 0.5mol/L Tris·HCl(pH 8.0)和 0.1mol/L Tris·HCl(pH 8.0)缓冲液反复抽提之平衡并使其 pH 值达到 7.6 以上,因为酸性条件下 DNA 会分配于有机相,上面加一层 10mmol/L Tris·HCl(pH 7.6)存放于棕色瓶于 4℃保存。目前有商品化产品。

13. 酚/氯仿/异戊醇:按酚：氯仿：异戊醇 25：24：1 体积比混合即可。氯仿可使蛋白变性并有助于液相与有机相的分开,异戊醇则可消除抽提过程中出现的泡沫。存放于棕色瓶于 4℃保存。酚和氯仿均有很强的腐蚀性,操作时应戴手套。

14. TE 缓冲液:10mmol/L Tris·HCl(pH 8.0);1mmol/L EDTA(pH 8.0),用母液稀释而成,配成 100ml。高压灭菌后储存于 4℃冰箱中,该缓冲液是用于贮存 DNA 的常用溶液。溶液中含有 Tris·HCl 以缓冲溶液酸碱度(通常为 pH 8),含有低浓度的 EDTA 用来螯合 $Mg^{2+}$ 以保护 DNA 免受核酸酶降解,因为大多数核酸酶工作时都需要 $Mg^{2+}$。

15. 其他试剂:乙醇、异戊醇、EDTA、Tris、HCl、NaCl、SDS、HAc、NaOH 为国产分析纯试剂。

### 四、操作步骤

1. 细菌的培养:将含有 pGEM-T 质粒的 DH5α 菌种接种在 LB 固体培养基(含 50μg/ml Amp)中,37℃培养 12～24h。用无菌牙签挑取单菌落接种到 5ml LB 液体培养基(含 50μg/ml Amp)中,37℃振荡培养约 12h 至对数生长后期。

2. 取 1.5ml 细菌培养液倒入 1.5ml Eppendorf 离心管中,4℃下 12000r/min 离心 30s。

3. 弃上清,将管倒置于卫生纸上数分钟,使液体流尽(可重复 2 和 3 步骤 2～3 次)。

4. 菌体沉淀重悬浮于 100μl 溶液Ⅰ中(需剧烈振荡),室温下放置 5min。

5. 加入新配制的溶液Ⅱ 200μl,盖紧管口,快速温和上下颠倒 Eppendorf 离心管数次,以混匀内容物(千万不要振荡),冰浴 5min。

6. 加入 150μl 冰上预冷的溶液Ⅲ,盖紧管口,并快速温和上下颠倒离心管 10s,使沉淀混匀,冰浴 5min,4℃下 12000r/min 离心 10min。

7. 上清液移入新的干净 Eppendorf 离心管中,加入等体积的酚/氯仿(1：1),上下振荡混匀 20s,4℃下 12000r/min 离心 5min。

8. 将水相移入干净离心管中,加入 2 倍体积的无水乙醇和 1/10 体积的 3mol/L 乙酸钠(pH 5.2),上下颠倒混匀后置于-20℃冰箱中 20min,然后 4℃下 12000r/min 离心 10min。

9. 弃上清后将管口敞开倒置于卫生纸上使所有液体流出,加入 1ml 70%乙醇洗沉淀一次,4℃下 12000r/min 离心 5～10min。

10. 吸除上清液,将管倒置于卫生纸上使液体流尽,用 200ml 枪头尽量吸去液体,真空干燥 10min 或室温干燥 20min 直到没有水珠为止。

11. 将沉淀溶于 30μl TE 缓冲液(pH 8.0,含 20μg/ml RNase A)中,保存于-20℃以下冰箱中。

12. DNA 的浓度及纯度测定,采用紫外分光光度仪测定法。

DNA 浓度测定:

$$[dsDNA](\mu g/ml) = 50 \times (OD_{260} - OD_{310}) \times 稀释倍数$$

DNA 纯度测定：

$OD_{260}/OD_{280} \approx 1.8$，说明较纯。

$OD_{260}/OD_{280} > 1.8$，说明可能有 RNA 污染。

$OD_{260}/OD_{280} < 1.8$，说明可能有蛋白质污染。

或用 Nanodrop(ND-1000)紫外分光光度仪测定质粒 DNA 浓度。

### 五、注意事项

1. 提取过程应尽量保持低温。

2. 提取质粒 DNA 过程中除去蛋白很重要，采用酚/氯仿去除蛋白效果较单独用酚或氯仿好，要将蛋白尽量除干净需多次抽提。

3. 沉淀 DNA 通常使用冰乙醇，在低温条件下放置时间稍长可使 DNA 沉淀完全。沉淀 DNA 也可用异丙醇(一般使用等体积)，且沉淀完全，速度快，但常把盐沉淀下来，所以多数还是选用乙醇。

# 第三节 Axygen 质粒提取试剂盒提纯质粒 DNA

### 一、设备

移液枪一套,台式高速离心机,恒温振荡摇床,高压蒸汽灭菌锅,涡旋振荡器,电泳仪,琼脂糖平板电泳装置,恒温水浴锅,凝胶成像系统等。

### 二、材料

含 pGEM-T、pBS 等质粒的 *E. coli* DH5α 或 JM 系列大肠杆菌菌株,Eppendorf 离心管,离心管架,试管,平皿等

### 三、试剂

1. LB 液体培养基。
2. LB 固体培养基。
3. 氨苄青霉素母液。
4. Axygen 质粒提取试剂盒。

### 四、操作步骤

1. 收集 1.5～4.5ml 在 LB 培养基中培养过夜的菌液,12000r/min 离心 30s,弃尽上清;用 250μl 已加入 RNase A I 的 Buffer S1 充分悬浮细菌沉淀。

2. 加入 250μl Buffer S2,温和但充分地上下翻转混合 4～6 次使菌体充分裂解,直至形成透亮的溶液。

3. 加入 350μl Buffer S3,立即轻轻颠倒混匀,此时可见白色絮状沉淀出现,室温静置 2min,12000r/min 离心 10min。

4. 上清移至 DNA-prep Tube 柱中,将 DNA-prep Tube 柱置于 2ml Eppendorf 离心管中,12000r/min 离心 1min,弃滤液。

5. 用 500μl Buffer W1 洗柱,12000r/min 离心 1min,弃滤液。

6. 用 700μl 已加无水乙醇的 Buffer W2 洗柱,12000r/min 离心 1min,弃滤液,用同样的方法再用 700μl Buffer W2 洗涤一次。

7. 将 DNA-prep Tube 柱置于 2ml Eppendorf 离心管中,12000r/min 离心 1min,以彻底去除 Buffer W2。

8. 将 DNA-prep Tube 柱置于另一洁净的 1.5ml Eppendorf 离心管中,在制备膜中央加 60～80μl Eluent 以溶解柱中质粒 DNA,室温静置 1min,12000r/min 离心 1min,收集离心液即为质粒 DNA 溶液,保存于－20℃以下冰箱中。

### 五、注意事项

1. Buffer S2、Buffer S3 和 Buffer W1 含刺激性化合物,操作时要戴手套,避免沾染皮肤、眼睛和衣服,谨防吸入口鼻。若沾染了皮肤、眼睛,要立即用大量清水或生理盐水冲洗,必要时寻求医疗咨询。

2. Eluent 液加热至 65℃可增加洗脱效果。

# 第四节　离心机的使用及注意事项

### 一、离心机的使用步骤

1. 打开离心机电源开关,进入待机状态。

2. 选择合适的转头(本机有与 1.5ml 离心管和 0.2ml 离心管配套的专用转头),离心时离心管所盛液体不能太满,否则液体易于溢出;使用前后应注意转头内有无漏出液体残余,应使之保持干燥。转换转头时应注意使离心机转轴和转头的卡口卡牢。

3. 选择离心参数:

(1)按速度设置按钮,用数字键设置离心速度,转头最大离心速度不能超过最大允许转速。

(2)按时间设置按钮,再用数字键设置离心时间。

(3)设定使用温度,通常为 4℃。

4. 将平衡好的离心管对称放入转头内,盖好转头盖子并拧紧。

5. 按下离心机盖门,如盖门未盖牢,离心机将不能启动。

6. 按运行键,开始离心。离心开始后(特别是高速离心时)应等离心速度达到所设的数值时才能离开,一旦发现离心机有异常(如不平衡、盖子未盖而导致机器明显振动,或噪声很大),应立即按停止键,必要时直接按电源开关切断电源,停止继续离心,并找出原因。

7. 使用结束后请清洁转头和离心机腔,不要关闭离心机盖,利于湿气蒸发。

8. 使用结束后必须登记,注明使用情况。

### 二、离心机使用的注意事项

1. 离心管一定要平衡好,离心管必须对称放入转子孔中,若只有一支样品管,另外一支要用等质量的水代替。

2.绝对不要超过离心机或转子的最高限转速。

3.一定要在达到预设转速后才能离开离心机;若电动离心机有噪声或机身振动等任何异常,应立即切断电源停机,及时排除故障。

4.通常听声音即可得知离心状况是否正常,也可注意离心机的振动情形。

5.启动离心机时,应盖上离心机顶盖后方可启动。

6.在离心机停止转动后方可打开离心机盖,取出样品,不可用外力强制其停止运动。

# 第二章　DNA 琼脂糖凝胶电泳和
# RNA 甲醛琼脂糖凝胶变性电泳

## 第一节　概　述

　　带电物质在电场中向相反电极移动的现象称电泳。凝胶电泳有两大类型：琼脂糖凝胶电泳（分 DNA 琼脂糖凝胶电泳和 RNA 琼脂糖甲醛变性凝胶电泳）和聚丙烯酰胺凝胶电泳。

　　琼脂糖和聚丙烯酰胺可以制成各种形状、大小和孔径，在 DNA 电泳中均可作为固体支持介质。琼脂糖凝胶分离 DNA 片段大小范围较广，不同浓度琼脂糖凝胶可分离长度从 100bp 至近 50kb 的 DNA 片段，其分辨率为 100bp。琼脂糖通常用水平装置在强度和方向恒定的电场下电泳。聚丙烯酰胺分离小片段 DNA（5～500bp）效果较好，其分辨率极高，甚至相差 1bp 的 DNA 片段也能分开。聚丙烯酰胺凝胶电泳很快，可容纳相对大量的 DNA，但制备和操作比琼脂糖凝胶复杂。目前，一般实验室多用琼脂糖水平平板凝胶电泳装置进行 DNA 电泳。

　　琼脂糖凝胶电泳是分离、纯化、鉴定 DNA 片段的典型方法，具有所需设备低廉、操作简便快速等优点。在凝胶中加入少量荧光嵌入染料溴化乙锭、Goldview 等，染料分子可插入 DNA 的碱基之间，形成一种光络合物，在 254～365nm 波长紫外光照射下，呈现橘红色等荧光，因此可对分离的 DNA 进行检测，可以检出 1～10ng 的 DNA 条带，在紫外灯下可观察到核酸片段所在的位置。此外，还可以从电泳后的凝胶中回收特定的 DNA 条带，用于以后的分子克隆操作。

　　DNA 片段琼脂糖凝胶电泳原理与蛋白质电泳原理基本相同，DNA 分子在高于其等电点的 pH 溶液中带负电荷。在 pH 值为 8.0～8.3 时，核酸分子中碱基几乎不解离，而磷酸基团全部解离，核酸分子带负电，在电场中向正极移动。DNA 分子在电场中通过介质而泳动，除电荷效应外，凝胶介质还有分子筛效应，其与分子大小及构象有关，从而达到分离核酸片段并检测其大小的目的。对于线状 DNA 分子，其电场中的迁移率与其相对分子质量的对数值成反比。电泳时以溴酚蓝及二甲苯氰（蓝）作为双色电泳指示剂。其目的有：①增大样品密度，确保 DNA 均匀进入样品孔内；②使样品呈现颜色，了解样品泳动情况，使操作更为便利；③以 0.5×TBE 做电泳液时溴酚蓝的泳动率约与长为 300bp 的双链 DNA 相同，二甲苯氰（蓝）则与 2000bp 的双链 DNA 相同。

　　琼脂糖是从海藻中提取的一种长链状多聚物，即一种直链多糖，是琼脂的主要成分，具亲水性，不带电荷，是一种良好的电泳介质，将琼脂糖加热至 90℃ 左右，即可形成清亮、透明的液体，灌注在特定的模板上经冷却、固化形成凝胶。把琼脂糖凝胶置于电场中，在碱性条件下带负电荷的 DNA 向阳极移动，当 DNA 长度增加时，来自电场的驱动与阻力之间的比例就会下降，不同长度的 DNA 片段就会表现出不同的迁移率，因此可根据 DNA 分子的大小使其分离。

琼脂糖凝胶电泳可区分相差 100bp 的 DNA 片段。

琼脂糖主要在 DNA 制备电泳中作为一种固体支持基质,其密度取决于琼脂糖的浓度。在电场中,在碱性 pH 值下带负电荷的 DNA 向阳极迁移,其迁移率由下列多种因素决定:

1. DNA 的分子大小:线状双链 DNA 分子在一定浓度琼脂糖凝胶中的迁移率与 DNA 相对分子质量的对数成反比,分子越大则所受阻力越大,也越难以在凝胶孔隙中泳动,因而迁移得越慢。

2. 琼脂糖浓度:一个特定大小的线状 DNA 分子,其迁移率在不同浓度的琼脂糖凝胶中各不相同。DNA 电泳迁移率的对数与凝胶浓度成反平行线性关系。DNA 电泳迁移率($M$)的对数和凝胶浓度($T$)之间的线性关系可按下述方程式表示:

$$\lg M = \lg M_0 - K_r T$$

式中:$M_0$ 是自由电泳迁移率,$K_r$ 是滞留系数,这是与凝胶性质、迁移分子大小和形状有关的常数。

因此,要有效地分离不同大小的 DNA 片段,选用适当的琼脂糖凝胶浓度是非常重要的。凝胶浓度的选择取决于 DNA 分子的大小(表 2-1),分离小于 0.5kb 的 DNA 片段所需凝胶浓度是 1.2%～1.5%,分离大于 10kb 的 DNA 片段所需凝胶浓度为 0.3%～0.7%,DNA 片段大小介于两者之间则所需凝胶浓度为 0.8%～1.0%。

表 2-1　线状 DNA 片段分离的有效范围与琼脂糖凝胶浓度的关系

| 琼脂糖凝胶的浓度(%) | 分离线状 DNA 分子的有效范围(kb) |
| --- | --- |
| 0.3 | 60～5 |
| 0.6 | 20～1 |
| 0.7 | 10～0.8 |
| 0.9 | 7～0.5 |
| 1.2 | 6～0.4 |
| 1.5 | 4～0.2 |
| 2.0 | 3～0.1 |

3. DNA 分子的构象:当 DNA 分子处于不同构象时,它在电场中移动的距离不仅和相对分子质量有关,还和它本身构象有关。相同相对分子质量的线状、开环和超螺旋 DNA 在琼脂糖凝胶中的移动速率是不一样的,超螺旋 DNA 移动最快,而开环双链 DNA 移动最慢。如在电泳鉴定质粒纯度时发现凝胶上有数条 DNA 条带难以确定是质粒 DNA 不同构象引起还是因为含有其他 DNA 引起时,可从琼脂糖凝胶上将 DNA 条带逐个回收,用同一种限制性内切酶分别水解,然后电泳,如在凝胶上出现相同的 DNA 图谱,则为同一种 DNA。

4. 电源电压:在低电压时,线状 DNA 片段的迁移率与所加电压成正比。但是随着电场强度的增加,不同相对分子质量的 DNA 片段的迁移率将以不同的幅度增长,片段越大,因场强升高引起的迁移率升高幅度也越大,因此电压增加,琼脂糖凝胶的有效分离范围将缩小。要使大于 2kb 的 DNA 片段的分辨率达到最大,所加电压不得超过 5V/cm。

5. 嵌入染料的存在:荧光染料溴化乙锭等用于检测琼脂糖凝胶中的 DNA,染料会嵌入到堆积的碱基对之间并拉长线状和带缺口的环状 DNA,使其刚性更强,还会使线状 DNA 迁移率降低 15%。因此,如果需要精确确定 DNA 的相对分子质量,电泳过程中不应加溴化乙锭,待电泳结束后再放置在 $0.5\mu g/ml$ 的溴化乙锭溶液中染色 5～10min。

其他染料如 SYBR Gold、Goldview、Gelred、Gelgreen 等,各有优缺点,可以根据实验所需做正确的选择。

6. 离子强度影响:电泳缓冲液的组成及其离子强度影响 DNA 的电泳迁移率。在没有离子存在时(如误用蒸馏水配制凝胶),电导率最小,DNA 几乎不移动,在高离子强度的缓冲液中(如误加 5×电泳缓冲液),则电导很高并明显产热,严重时会引起凝胶熔化或 DNA 变性。

对于天然的双链 DNA,常用的几种电泳缓冲液有 TAE[含 EDTA(pH 8.0)和 Tris-乙酸]、TBE(含 Tris-硼酸和 EDTA)、TPE(含 Tris-磷酸和 EDTA),一般配制成 10×浓缩母液,储于室温。电泳有时以溴酚蓝及二甲苯氰作为双色电泳指示剂。

# 第二节　DNA 的琼脂糖凝胶

## 一、设备

凝胶制样器,电泳仪,微量移液枪,微波炉,凝胶成像系统等。

## 二、材料

DNA Marker、重组 pET-28a 质粒、琼脂糖。

## 三、试剂

1.5×TBE 电泳缓冲液:称取 Tris 54g,硼酸 27.5g,并加入 0.5mol/L EDTA(pH 8.0)20ml,定容至 1000ml。

2.6×电泳载样缓冲液:0.25%溴酚蓝,40%(W/V)蔗糖水溶液,贮存于 4℃。

3. 溴化乙锭(EB)溶液母液:将 EB 配制成 10mg/ml,用铝箔或黑纸包裹容器,储于室温即可。

## 四、操作步骤

1. 稀释缓冲液的制备:取 5×TBE 电泳缓冲液 5ml 加水至 50ml,配制成 0.5×TBE 稀释缓冲液。

2. 胶液制备:称取适量琼脂糖(如 0.4g),置于 250ml 三角烧瓶中,加入 0.5×TBE 稀释缓冲液(如 50ml),盖上牛皮纸,放入微波炉加热,不时摇动,至琼脂糖全部熔化,取出摇匀,即为琼脂糖胶液(浓度为 0.8%)。

注:分离小于 0.5kb 的 DNA 片段所需凝胶浓度为 1.2%～1.5%,分离大于 10kb 的 DNA 片段所需凝胶浓度为 0.3%～0.7%,DNA 片段大小介于两者之间,则所需凝胶浓度为 0.8%～1.0%。

3. 胶板的制备:

(1)将有机玻璃胶槽置于水平制胶台上,插上样品梳子,注意观察梳子齿下缘应与胶槽底面保持 1～2mm 的间隙。

（2）向冷却至 50～60℃的琼脂糖胶液中加入溴化乙锭（EB）溶液使其终浓度为 0.5μg/ml（也可不把 EB 加入凝胶中，而是电泳后再用 0.5μg/ml 的 EB 溶液浸泡染色）。

（3）缓慢地将琼脂糖胶液注入一个带有"梳子"的胶床中。胶液温度不能太低，要避免产生气泡，若有气泡产生，可用移液枪吸去。

（4）根据胶的大小让胶凝固 20～30min（此时可准备 DNA 样品）。

（5）待胶凝固之后，轻轻移去梳子，注意不要损伤梳底部的凝胶。将胶连同胶槽一起放在电泳槽内，加样孔一侧靠近阴极（电极黑端），向槽内加入 0.5×TBE 稀释缓冲液至液面恰好没过胶上表面。因边缘效应使样品孔附近会有一些隆起，阻碍缓冲液进入样品孔中，所以要注意保证样品孔中注满缓冲液，通常缓冲液高于胶面 0.3～0.5cm。

4. 制样：在 Parafilm 膜或一次性手套上用移液枪点 2μl 6×DNA 上样液，再加 2～5μl DNA，用移液枪反复吸打数次混匀，但不能产生气泡。

5. 加样：移液枪与加样孔垂直，使移液枪尖端刚好在加样孔开口之下，缓慢将 DNA 样品加入加样孔中。

6. 电泳：加完样后，合上电泳仪盖，连接电源（黑—阴极，红—阳极）。设定电压为 5～7V/cm。当溴酚蓝条带移动到距凝胶前沿约 2cm 时停止电泳。

7. 观察与拍照：在波长为 254nm 的长波长紫外灯下观察染色后的或已加有 EB 的电泳胶。DNA 存在处显示出肉眼可辨的橘红色荧光条带。紫外灯下观察时应戴上防护眼镜或有机玻璃面罩，以免损伤眼睛。拍照保存图像。

**五、注意事项**

1. 电泳指示剂：核酸电泳常用的指示剂有呈蓝紫色的溴酚蓝和呈蓝色的二甲苯氰两种，二甲苯氰携带的电荷量比溴酚蓝少，在凝胶中的迁移率比溴酚蓝慢。

2. 观察 DNA 离不开紫外透射仪，可是紫外光对 DNA 分子有切割作用。从胶上回收 DNA 时，应尽量缩短光照时间并采用长波长紫外灯（300～360nm），以减少紫外光切割 DNA。

3. EB 是强诱变剂并有中等毒性，配制和使用时都应戴手套，并且不要把 EB 洒到桌面或地面上。凡是沾污了 EB 的容器或物品必须经专门处理后才能清洗或丢弃。

4. 当 EB 太多、胶染色过深、DNA 条带看不清时，可将胶放入蒸馏水浸泡 30min 后再观察。

# 第三节　RNA 甲醛琼脂糖凝胶变性电泳

RNA 电泳可以在变性及非变性两种条件下判断提取物的完整性。非变性电泳使用 1.0%～1.4%的凝胶，不同的 RNA 条带也能分开，但无法判断其相对分子质量。只有在完全变性的条件下，RNA 的泳动率才与相对分子质量的对数呈线性关系。因此要测定 RNA 的相对分子质量时，一定要用变性凝胶。在需快速检测所提总 RNA 样品完整性时，配制普通的 1%琼脂糖凝胶即可。从完整的未降解的 RNA 制品的电泳图谱上应该可以清晰看到 18S rRNA、28S rRNA、5S rRNA 的三条带，且 28S rRNA 的亮度应为 18S rRNA 的两倍。

## 一、设备

凝胶制样器,电泳仪,微量移液枪,微波炉,凝胶成像系统。

## 二、材料

总 RNA 提取物。

## 三、试剂

1. 0.1%(V/V)DEPC 水:200ml 去离子水加 0.2ml DEPC(焦碳酸二乙酯),充分搅拌混匀,室温放置过夜,高压灭菌。

2. 10×MOPS 缓冲液:称取 MOPS 20.93g,乙酸钠 3.4g,EDTA 1.86g,加 DEPC 水至 500ml,用 NaOH 调 pH 至 7.0,黑暗保存。

3. 50ml 变性琼脂糖凝胶:琼脂糖 0.5g,DEPC 水 36ml,加热至沸腾(中间摇一下),冷却到 50～60℃,然后依次加入:37%甲醛 9ml,10×MOPS 缓冲液 5ml,EB(10mg/ml)0.5μl。

4. 上样缓冲液:饱和溴酚蓝 16μl,0.5mol/L EDTA(pH 8.0)80μl,37%甲醛 720μl,100% 甘油 2ml,甲酰胺 3084μl,10×MOPS 缓冲液 4ml,加去离子水至 10ml。

## 四、操作步骤

1. 电泳槽、制胶用具的清洗:用去污剂洗干净,水冲洗后用 2mol/L NaOH 溶液浸泡 1h,用 3% $H_2O_2$ 溶液浸泡 30min,用 0.1%(V/V)DEPC 水彻底冲洗干净,晾干备用。

2. 制胶:称取 0.5g 琼脂糖粉末,加入放有 36.5ml DEPC 水的锥形瓶中,加热使琼脂糖完全溶解。稍冷却后加入 5ml 10×电泳缓冲液、8.5ml 甲醛。然后在胶槽中灌制凝胶,插好梳子,水平放置待凝固后使用。

3. 上样:取 10～20μg RNA,以 RNA 与上样缓冲液 4:1 的比例混合后,70℃水浴变性 10min,立即冰浴 3～5min,上样到已预电泳 5～15min 的胶上。

4. 电泳:打开电泳仪,稳压电泳。电压 5V/cm,小槽 50～60V,大槽 80～100V。电泳至溴酚蓝迁出凝胶 2/3 处时电泳结束。

5. 电泳结束后通过紫外透视仪观察。

6. 结果分析:一般取样品 1μl 电泳检测 RNA 完整性(28S 带应为 18S 带的 2 倍亮度)。电泳主要是检测 28S 和 18S 条带的完整性和它们的比值,一般地,如果 28S 和 18S 条带明亮、清晰、条带锐利(指条带的边缘清晰),并且 28S 的亮度在 18S 条带的 2 倍以上,我们认为 RNA 的质量是好,28S 与 18S 的亮度 1:1 对大部分实验也是可以接受的。

## 五、注意事项

1. 本实验中必须防止 RNase 污染,以免 RNA 降解,所有试剂需用 DEPC 水配制,离心管等用具也需用 DEPC 水冲洗,并灭菌。

2. RNA 的非变性琼脂糖凝胶电泳与 DNA 琼脂糖凝胶电泳的操作相同。

# 第三章　质粒 DNA 的限制性酶切鉴定、割胶回收与纯化

## 第一节　概　述

核酸限制性内切酶来源于原核生物,它们的功能类似于高等动物的免疫系统,用于抗击外来 DNA 的入侵。核酸限制性内切酶可识别 DNA 特异序列,并在识别位点或其周围切割双链 DNA,是一类能识别双链 DNA 中特定碱基序列的核酸水解酶。

限制性内切酶能特异地结合于一段被称为限制性酶识别序列的 DNA 序列之内或其附近的特异位点上,并切割双链 DNA。限制性内切酶作用于磷酸二酯键,使双链 DNA 中两条单链上的 3′,5′-磷酸二酯键断裂,是基因工程的第一步获取目的基因所必需用的酶。

限制性内切酶的命名根据分离出该酶的微生物的学名进行,通常为 3 个字母:第一个字母大写,来自微生物属名的第一个字母,第二、三个字母小写,来自微生物种名的头两个字母,(如 *Bam* 代表 *Bacillus amylioliquefaciens*)。如果该微生物有不同的变种和品系,则再加一个大写的来自变种或品系名的第一个字母,如 *Bam*H Ⅰ 中的 H。从同一微生物中发现的几种酶,根据其被发现先后用 Ⅰ、Ⅱ、Ⅲ 等罗马数字表示。

限制性内切酶可分为三类:Ⅰ 类和 Ⅲ 类酶在同一蛋白质分子中兼有切割和修饰(甲基化)作用且依赖于 ATP 的存在。Ⅰ 类酶结合于识别位点并随机切割识别位点不远处的 DNA,而 Ⅲ 类酶在识别位点上切割 DNA 分子,并修饰 DNA 甲基化,然后从底物上解离。

Ⅱ 类酶由两种酶组成:一种就是通常指的限制性内切酶,它切割某一特异的核苷酸序列;另一种为独立的甲基化酶,它修饰同一识别序列。Ⅱ 类酶中的限制性内切酶在分子克隆中得到了广泛应用,它们是重组 DNA 的基础,绝大多数能识别长度为 4 至 6 个核苷酸的回文对称特异核苷酸序列(如 *Eco*R Ⅰ 识别六个核苷酸序列:5′-G ↓ AATTC-3′),有少数酶识别更长的序列或简并序列。回文对称序列有一个中心对称轴,从这个轴朝左右两个方向"读"2 条 DNA 链的序列完全相同。Ⅱ 类酶切割位点在识别序列中,有的在对称轴处切割,产生平末端的 DNA 片段(如 *Sma* Ⅰ:5′-CCC ↓ GGG-3′);有的切割位点在对称轴一侧,产生带有单链突出末端(3′突出和 5′突出的单链末端)的 DNA 片段即黏性末端片段,如 *Eco*R Ⅰ 切割识别序列后产生两个互补的 3′突出黏性末端:

$$5′\cdots\text{G} \downarrow \text{AATTC}\cdots3′ \rightarrow 5′\cdots\text{G}\quad\text{AATTC}\cdots3′$$
$$3′\cdots\text{CTTAA} \uparrow \text{G}\cdots5′ \rightarrow 3′\cdots\text{CTTAA}\quad\text{G}\cdots5′$$

下面介绍 Ⅱ 类限制性内切酶不同功能的四种酶。①异源同工酶:是不同来源分离得来的不同酶,它们有相同的识别序列,切割方式可以相同,也可不同。如 *Hpa* Ⅱ 与 *Msp* Ⅰ,它们的识别和切割序列相同,但 *Msp* Ⅰ 还可识别切割已甲基化的序列,如 GGmCC;*Sma* Ⅰ 和 *Xma* Ⅰ 识别序列相同,但切割位点和方式不同,前者产生平末端,后者产生 5′黏性末端。②Subset

酶:识别与切割序列相互有关的酶互称 Subset 酶,如 *Sma* I 的 6 核苷酸序列(CCCGGG)中包含 *Hpa* II 的 4 核苷酸序列(CCGG)。Subset 酶之间可以相互代替使用,2 个 Subset 酶消化的 DNA 片段,可以相互连接,连接后的重组 DNA 分子,可以被其中一种酶识别,或均不能识别。③远距离裂解酶:识别位点与切割位点不一致,与识别序列结合后滑行到识别序列以外的另一个位点进行切割,一般滑行 10 个碱基左右。远距离裂解酶在基因工程中有一定的应用价值。④可变酶:识别序列中的一个或几个核苷酸是可变的,且其识别序列一般大于 6 个碱基,如 *Bgl* I 识别 GCC(N5)GGC 11 个序列,其中 5 个是可变的。

在适当的反应条件下(包括温度、pH、离子强度等),1h 内完全酶解 1μg 特定的 DNA 底物所需要的限制性内切酶的量,定义为 1 个限制性内切酶的活性单位(1U)。目前市场上几乎所有的内切酶均以 λ 噬菌体 DNA 作为底物测定其活性单位。目前,一些公司的酶量以反应次数来计算,1μl 酶进行 1 个反应体系的酶切。

基因片段中限制性内切酶的酶切位点的查找软件有 SnapGene、Lasergene、DNAStar7.1 等。SnapGene 软件下载网址:https://www.snapgene.com/。

完全酶切的概念:所有 DNA 中的所加酶的酶切位点已发生全部酶切的酶切。

不完全酶切的概念:一部分 DNA 中的所加酶的酶切位点发生酶切,而另一部分 DNA 中的该酶的酶切位点未发生酶切的酶切。

限制性内切酶在非标准反应条件下,能切割一些与其识别序列类似的序列,这种现象称为核酸限制性内切酶的星号活力。每一种酶在特别的条件下均会产生星号活力。星号活力的识别形式是常对酶切识别序列中两侧的碱基没有特异性,如 *Eco*R I 在高 pH 或低离子强度下,其识别序列由 GAATTC 变为 NAATTN,另一种情况是对 AATT 中的 A、T 分辨不严格。产生内切酶星号活力的原因主要有高甘油含量、酶量过大、低离子强度、高 pH(8.0)、含有机溶剂、存在非 $Mg^{2+}$ 的二价离子。

限制性内切酶对于 DNA 底物的酶解是否完全与正确,直接关系到 DNA 连接、基因克隆、分子筛选和鉴定等实验结果。而酶切体系的建立是其中的一个关键步骤,它所涉及的各种因素都必须引起足够的注意。大部分限制性内切酶不受 RNA 或单链 DNA 的影响。当微量的污染物进入限制性内切酶贮存液中时,会影响其进一步使用,因此在吸取限制性内切酶时,每次都要用新的吸管头。

DNA 纯度、缓冲液、温度条件及限制性内切酶本身都会影响限制性内切酶的活性。①DNA 纯度:在 DNA 样品中若含有蛋白质,或没有去除干净制备过程中所用的乙醇、EDTA、SDS、酚、氯仿和某些高浓度金属离子,均会降低限制性内切酶的催化活性,其至使限制性内切酶不起作用。②限制性内切酶的缓冲液:典型的限制性内切酶缓冲液成分包括氯化镁、氯化钠或氯化钾、Tris·HCl、2-巯基乙醇(2-ME)或二硫苏糖醇(DTT)以及牛血清白蛋白(BSA)等。不同的限制性内切酶对 NaCl 浓度的要求不同,这是不同限制酶缓冲液组成上一个主要的不同(表 3-1),据此可分为高盐、中盐和低盐缓冲液,在进行双酶解或多酶解时,若这些酶切割可在同种缓冲液中作用良好,则几种酶可同时酶切;若这些酶所要求的缓冲液有所不同,可采用以下两种方法进行酶切消化反应:先用要求低盐缓冲液的限制性内切酶消化 DNA,然后补足适量的 NaCl,再用要求高盐缓冲液的限制性内切酶酶切消化;先用一种酶进行酶解,然后用乙醇沉淀酶解产物,再重悬于另一缓冲液中进行第二次酶解。目前随着技术的发展,许多公司的大多数酶可以在同一种酶切缓冲液(buffer)中高效酶切,但个别酶还是需要其特定的酶切缓冲液进行酶切。③酶切消化反应的温度：DNA 消化反应的温度是影响限制性内切酶活性的一个重要因素。不同的核酸限制性内切酶，具有各自的最适反应温度。多数限制性内切酶的最适反应温度是 37℃，少数限制性内切酶的最适反应温度高于或低于 37℃。④DNA 的分子结构：DNA 分子构型对核酸限制性内切酶的活性有很大影响，如消化超螺旋的 DNA 比消化线状 DNA 用酶量要高出许多倍。有些限制性内切酶在消化它们自己的处于不同部位的限制位点，其效率也有明显差异，这种现象称内切酶的底物位点优势效应。⑤保护碱基：在酶切位点的 5′ 或 3′ 端加上任意的 1～5 个碱基，有利于酶的识别。商品化的内切酶的保护碱基数量均可以从产品说明书中获知或网上查到。

表 3-1  不同限制性内切酶缓冲液配制表

| 缓冲液 | NaCl | Tris·HCl(pH 7.5) | $MgCl_2$ | DTT |
|---|---|---|---|---|
| 低离子强度 | 0～10mmol/L | 10mmol/L | 10mmol/L | 1mmol/L |
| 中离子强度 | 50mmol/L | 10mmol/L | 10mmol/L | 1mmol/L |
| 高离子强度 | 100mmol/L | 50mmol/L | 10mmol/L | 1mmol/L |

限制性内切酶反应的终止通常有以下三种方法：①采用 65℃ 或 80℃ 条件下温浴 5min、10min 或 20min，通过加热失活内切酶，各种内切酶均有其特定的灭活温度和时间；②加终止反应液（如 0.5mol/L 的 EDTA 使之在溶液中的终浓度达到 10mol/L）螯合内切酶的辅助因子 $Mg^{2+}$ 使内切酶变性以终止反应；③通过电泳割胶回收或用酚/氯仿抽提，然后乙醇沉淀，此法最为有效且有利于下一步的 DNA 的操作。酶切完成后，不必立即进行终止反应，可先取出适量反应液进行快速的琼脂糖凝胶电泳，在紫外灯下观察酶切结果，再决定是否终止反应。

DNA 限制性内切酶酶切图谱又称 DNA 的物理图谱，它由一系列位置确定的多种限制性内切酶酶切位点组成，以直线或环状图表示。在 DNA 序列分析、基因组的功能图谱绘制、基因文库的构建等工作中，建立限制性内切酶图谱都是不可缺少的环节，近年来发展起来的 RFLP（限制性片段长度多态性）技术更是建立在它的基础上。

在酶切图谱制作过程中，为了获得条带清晰的电泳图谱，一般 DNA 用量为 0.5～1μg。限制性内切酶的酶解反应最适条件各不相同，各种酶有其相应的酶切缓冲液和最适反应温度（大多数为 37℃）。对质粒 DNA 酶切反应而言，限制性内切酶用量可按标准体系 1μg DNA 加 1 单位酶，消化 1～2h。但要完全酶解则必须增加酶的用量，一般增加 2～3 倍，甚至更多，反应时间也要适当延长。

AXYGEN 公司的 DNA Gel Extraction Kit(DNA 割胶回收试剂盒)适合从各种琼脂糖凝胶中回收多至 8μg 的 DNA (70bp～10kb)，回收率为 60%～85%。琼脂糖凝胶在温和缓冲液 (DE-A 溶液)中溶解，其中的保护剂能防止线状 DNA 在高温下降解，然后在 DE-B 溶液的作用下使 DNA 选择性结合到吸附柱中的 DNA 结合膜上，经 W1、W2 溶液的洗涤清除蛋白质和盐分，最后用高 pH 低盐洗脱液从膜上洗脱 DNA。纯化的 DNA 可直接用于连接、体外转录、PCR 扩增、测序、微注射等分子生物学实验。

# 第二节　设备、材料及试剂

## 一、设备

恒温水浴箱、电泳仪和电泳槽、紫外扫描分析仪、台式高速离心机、微波炉、移液枪、Eppendorf 离心管及离心管架等。

## 二、材料

DNA 底物,λDNA 或质粒 DNA 或制备的植物组织 DNA。

## 三、试剂

限制性内切酶及其缓冲液,5×TBE 电泳缓冲液,6×上样缓冲液,溴化乙锭,DNA 相对分子质量标准 Marker。

# 第三节　操作步骤

## 一、标准酶切反应

1.酶切体系配制:选择酶对应的酶切缓冲液,将缓冲液 2μl、λDNA(5μg)或基因组 DNA(5μg)或质粒 DNA(1μg)、限制性内切酶 5~10U(酶可以加 1 种或 2 种)依次加至置于冰上的 0.5ml Eppendorf 离心管中,加灭菌去离子水至 20μl,加盖,混匀后稍离心。

2.37℃水浴箱中反应 1~2h。

3.终止酶切反应。可根据需要采用下列四种不同的终止方法:①酶切后不需进行下一步反应,可加入含 EDTA 的终止液终止反应;②若需进一步反应(如连接、切割等),可将反应管置 65℃或 80℃保温 5min、10min 或 20min,以灭活酶终止反应;③可用酚/氯仿抽提,乙醇沉淀获得较纯 DNA;④割胶回收 DNA 进行下一步酶学操作。

## 二、快速酶切反应(TaKaRa 公司内切酶)

1.酶切体系:将灭菌 MilliQ 去离子水 6μl、10×T 缓冲液 2μl、10μl 重组 pLB-P6 质粒 DNA、限制性内切酶 *Eco*RⅠ和 *Bam*HⅠ各 1μl 加至 0.5ml 或 0.25ml Eppendorf 离心管中,反应体系为 20μl。

冰上放置一灭菌的 0.25ml Eppendorf 离心管,依次加入下列试剂:

| | |
|---|---|
| 灭菌去离子水 | 6μl |
| 10×QuickCut Buffer | 2μl |
| 重组质粒 | 10μl |
| *Bam*HⅠ | 1μl |

| $EcoR\text{I}$ | $1\mu l$ |
| --- | --- |
| 总体积 | $20\mu l$ |

2. 手指轻弹管底,混匀后离心甩一下;37℃水浴锅或金属浴中酶切反应 20min。

3. 终止酶反应:将反应管置 80℃保温 5min 以灭活酶终止反应。

### 三、酶切产物的电泳分离和鉴定

1. 稀释缓冲液的制备:取 5×TBE 缓冲液 5ml 加水至 50ml,配制成 0.5×TBE 稀释缓冲液。

2. 胶板的制备:将冷却至 60℃左右的琼脂糖凝胶液缓慢倒入内槽,直至所需厚度,插入梳子。注意不要形成气泡,特别是梳子下,如有气泡可用牙签挑破。待胶凝固后,小心取出梳子,将带凝胶的内槽放入电泳槽中,凝胶点样端靠近负极。

3. 加入 0.5×TBE 缓冲液至电泳槽中,使缓冲液淹过凝胶表面 0.5cm 左右。

4. 加样:剪取适当大小的 Parafilm 膜,取 6×上样缓冲液 $2\mu l$ 点于膜上数点。取 $10\mu l$ 酶切 DNA 样品、0.5～$1\mu g$ 未酶切质粒 DNA、DNA 相对分子质量标准 Marker 分别与上样缓冲液混匀,将其分别加入凝胶点样孔,记录点样顺序及点样量。

5. 电泳:接通电源槽与电泳仪的电源(点样端接负极,另一端接正极),调好电压(5V/cm 凝胶长度),开始电泳。当溴酚蓝染料移动至凝胶前沿约 1cm 处,切断电源,停止电泳。

6. 观察结果:取出内槽,将凝胶小心推入紫外扫描分析仪的玻璃平板上,关上仪器防护屏,在计算机上观察并扫描记录质粒 DNA 与酶切 DNA 电泳结果,比较分析经酶切与未经酶切的 DNA 图谱的区别。

### 四、酶切产物的割胶回收

用 AxyGEN 割胶回收试剂盒从琼脂糖凝胶中回收目的 DNA 片段,步骤如下:

1. 在紫外灯下用一锋利刀片从凝胶中割取目的 DNA 片段带,测定质量(mg),质量(mg)作为一个凝胶的体积($\mu l$)。

2. 加入 3 倍胶体积(mg/$\mu l$)的 Buffer DE-A 缓冲液。

3. 悬浮均匀后于 75℃加热,每隔 2～3min 混合一次,直至凝胶块完全融化(约 6～8min)。

4. 按 Buffer DE-A 体积的 50% 加入 Buffer DE-B,混合均匀。当回收的 DNA 片段小于 500bp 时,再加入 1 倍胶体积的异丙醇,混匀。

5. 将以上样品转至 DNA-prep Tube 离心柱中,将离心柱置于 2ml Eppendorf 离心管中,12000r/min 离心 1min,弃滤液。重复此步骤直至胶液全部过该离心柱。

6. 用 $500\mu l$ Buffer W1 洗柱,12000r/min 离心 1min,弃滤液。

7. 用 $700\mu l$ 已加无水乙醇的 Buffer W2 洗柱,12000r/min 离心 1min,弃滤液,用同样的方法再用 $700\mu l$ Buffer W2 洗涤一次。

8. 将 DNA-prep Tube 柱置于 2ml Eppendorf 离心管中,12000r/min 离心 1min,以彻底去除 Buffer W2。

9. 将 DNA-prep Tube 柱置于另一洁净的 1.5ml Eppendorf 离心管中,在 silica 膜中央加 25～$30\mu l$ Eluent 以溶解柱中 DNA,室温静置 1min,12000r/min 离心 1min,收集离心液即为 DNA 溶液。

### 五、注意事项

1.酶切时所加的 DNA 溶液体积不能太大,否则 DNA 溶液中其他成分会干扰酶反应。

2.进行 DNA 酶切时,要在其最适温度下(大多数为 37℃)进行,最好使用每一种酶的专用缓冲液。当要用两种或两种以上限制酶切割 DNA 时,如果这些酶可以在同种缓冲液中作用良好,则两种酶可同时切割,如遇不同缓冲液的双酶切时,应先用低盐缓冲液、后用高盐缓冲液,或一种酶切结束后加 TE 缓冲液至 $400\mu l$,再进行酚/氯仿抽提、乙醇沉淀,重新建立第二个酶切反应体系,或第一种酶切的割胶回收产物重新建立第二个酶切反应体系。

3.限制性内切酶一定要在低温下贮存($-20℃$以下),以防止酶活性降低。

4.进行大量酶切时,先要确定酶切体系中限制性内切酶的浓度。一般 1U 限制性内切酶于 37℃条件下作用底物 DNA 1h 以上可切割 1μg λDNA。一般来说,要用 2～3 倍才能保证完全消化,对基因组 DNA 尤其如此。目前,商品化的内切酶单位以反应次数来计算,1μl 酶进行 1 个反应体系的酶切。酶切反应所加入的酶量应适中,根据 DNA 底物的种类、量的多少和体积的大小而定,对不同的限制酶,各厂家均有一最大的酶切量指标可参考。

5.琼脂糖凝胶的浓度直接影响 DNA 片段的分离效果,一定要根据被分离 DNA 片段的大小确定好合适的琼脂糖凝胶浓度。

6.EB 是 DNA 的诱变剂,具极强的致癌性,配制和使用过程中要特别小心,操作时要戴手套,有 EB 的废液和器皿要分别处理好。

7.大多数限制性内切酶贮存在 50% 甘油溶液中,以避免在 $-20℃$ 条件下结冰。当最终反应液中甘油浓度大于 10% 时,某些限制性内切酶的识别特异性降低,从而产生星号活力,更高浓度的甘油会抑制酶活性。因此,加入反应的酶体积不超过反应总体积的 1/10,避免限制性内切酶活性受到甘油的影响。

8.反应混合物中 DNA 底物的浓度不宜太大,小体积中过高浓度的 DNA 会形成黏性 DNA 溶液抑制酶的扩散,并降低酶活性。建议:酶切反应的 DNA 浓度为 $0.1～0.4\mu g/\mu l$。

9.酶切反应所加入的酶量应适中,根据底物的种类、量的多少和体积的大小而定,对不同的限制性内切酶,各厂家均有一最大的消化量指标供参考。

10.反应混合液中加入浓度为 0.1mg/ml 的 BSA,可维持酶的稳定性。

11.酶切底物 DNA 应具备一定的纯度,其溶液中不能含有迹量酚、氯仿、乙醚,大于 10mmol/L 的 EDTA、去污剂 SDS 以及过量的盐离子浓度,否则会不同程度地影响限制酶的活性。

12.DNA 碱基上的甲基化修饰也是影响酶切的一个重要因素,所以实验所选择的受体菌株应考虑到使用的菌株中的酶修饰系统。

13.要保证酶作用时的最佳反应条件(pH、温度)和底物用量,酶反应才能有效地进行。

14.反应取酶时应使用无菌枪头,每次吸酶均需换枪头,以免污染酶液。

15.酶切体系在高于 37℃ 或需长时间保温时,可加入矿物油覆盖在反应液上以减少水分蒸发,或每隔 1～2h 离心甩一下,把蒸发的管盖上的水珠拉到反应体系中。

16.反应前的低速离心是必要的,这可使因混匀时吸附于管壁上的液滴全部沉至管底。

17.分子克隆是微量操作技术,DNA 样品与限制性内切酶的用量都极少,必须严格注意吸样量的准确性,并全部放入反应体系中。

18. 不同厂家的试剂不可混用,需要时请查明相关条件及数据。

19. 要注意酶切时加样的次序,一般次序为水、缓冲液、DNA,最后才加酶液。取液时,Tip头要从溶液表面下 2～3mm 处吸取,以防止 Tip 头沾去过多的液体与酶。待用的内切酶要放在冰浴内,用后盖紧盖子并立即放回－20℃以下冰箱,防止限制性内切酶的失活。

20. 在酶切产物的割胶回收步骤 1 中,将凝胶切成细小的碎块可大大缩短凝胶融化时间(线状 DNA 长时间暴露在高温条件下易水解),从而提高回收率;勿将含 DNA 的凝胶长时间地暴露在紫外灯下,以减少紫外线对 DNA 造成的损伤。

21. 在酶切产物的割胶回收步骤 2 中凝胶必须完全融化,否则严重影响 DNA 回收率。

22. 在酶切产物的割胶回收中,将 Eluent 或去离子水加热至 65℃,有利于提高洗脱效率。DNA 分子呈酸性,建议在 2.5mmol/L Tris·HCl,pH 8.5 洗脱液中保存。

23. 尽量切除不含 DNA 的凝胶,得到的凝胶体积越小越好,不然影响回收率。

24. 回收纯化的 DNA 片段一般在 100bp 到 50kb 之间,过长过短 DNA 片段的回收效率迅速降低。目前有公司生产过长 DNA 片段的割胶回收试剂盒。

25. 使用前,在 Buffer W2 中加入 168ml 无水乙醇。

26. 清洗制胶槽、制胶台、梳子和电泳槽的方法:先用自来水冲洗,然后用去离子水冲洗,并换电泳液。

# 第四章　特异片段与载体的连接反应

## 第一节　概　述

　　DNA 片段之间的体外连接是 DNA 重组技术的一个核心步骤,是指在一定条件下,由 DNA 连接酶催化的两个双链 DNA 片段相邻的 5′-磷酸基与 3′-羟基之间形成磷酸二酯键的过程。需要注意的是,DNA 连接酶并不能连接两条单链的 DNA 分子或环化的单链 DNA 分子,实际上 DNA 连接酶只能封闭双螺旋 DNA 骨架上的缺口,即在双链 DNA 的某一条链上两个相邻核苷酸之间失去一个磷酸二酯键所出现的单链断裂。

　　DNA 连接酶有两种,分别是 T4 噬菌体基因 30 编码的 T4 噬菌体 DNA 连接酶(简称 T4 DNA 连接酶)和大肠杆菌基因组中 lig 基因编码的大肠杆菌 DNA 连接酶,前者利用 ATP 作为能量辅助因子,后者利用 NAD 作为能量辅助因子。T4 DNA 连接酶是目前应用最广泛的 DNA 连接酶,该酶相对分子质量为 60kD,其活性很容易被 0.2mol/L KCl 溶液和精胺所抑制。T4 DNA 连接酶的单位有多种定义,比较通用的是韦氏单位(Weiss U)。一个韦氏单位是指 37℃ 20min 内将 1nmol 的 $^{32}$P 从焦磷酸根上置换到 ATP 分子上所需的酶量。不同厂家生产的 T4 DNA 连接酶其活性单位和反应条件各异。TaKaRa 公司产品活性定义为:在 20μl 的连接反应体系中,6μg 的 λDNA-HindⅢ 的分解物在 16℃下反应 30min,有 90% 以上的 DNA 片段被连接所需要的酶量定义为 1 个活性单位,每个活性单位相当于 0.008 韦氏单位。NEW ENGLAND Biolabs 公司产品活性定义为:在 20μl 的连接反应体系中,0.126μmol/L(300μg/ml) 5′末端浓度,16℃下反应 30min,能将 50% 经 HindⅢ 消化的 λDNA 片段连接所需要的酶量定义为 1 个活性单位,每个活性单位相当于 0.015 韦氏单位。Thermo Scientific 公司生产的 T4 DNA 连接酶 1μl 含 1、5、30 韦氏单位。

　　T4 RNA Ligase 是一种 ATP 依赖的可以催化单链 RNA、单链 DNA 或单核苷酸分子间或分子内 5′-磷酸基与 3′-羟基之间形成磷酸二酯键的酶。T4 RNA Ligase 主要用于 RNA 和 RNA 之间的连接,连接时需要 5′-磷酸基和 3′-羟基的存在。不仅可以进行 RNA 分子间的连接,还可以进行 RNA 分子(最短 8 个碱基)的环化连接,也可以用于 RNA 和单核苷酸之间的连接,单核苷酸必须为 5′-和 3′-均磷酸化的形式,此时常用于 RNA 的 3′末端标记。同时,T4 RNA Ligase 也可以用于 DNA 和 RNA 之间的连接。当 DNA 提供 5′-磷酸基,RNA 提供 3′-羟基时,连接效率较高;当 DNA 提供 3′-羟基,RNA 提供 5′-磷酸基时,连接效率非常低。

　　DNA 连接酶催化 DNA 连接的反应分为三步:

　　1. NAD 或 ATP 将其腺苷酰基转移到 DNA 连接酶的一个赖氨酸残基的 ε-氨基上形成共价的酶-腺苷酸中间物,同时释放出烟酰胺单核苷酸(NMN)或焦磷酸。

　　2. 将酶-腺苷酸中间物上的腺苷酰基再转移到 DNA 的 5′-磷酸基端,形成一个焦磷酰衍生物,即 DNA-腺苷酸。

3.这个被激活的 5'-磷酸基端可以和 DNA 的 3'-羟基端反应形成磷酸二酯键,同时释放出 AMP。DNA 连接酶所催化的整个过程是可逆的。酶-腺苷酸中间物可以与 NMN 或 PPi 反应生成 NAD 或 ATP 及游离酶;DNA-腺苷酸也可以和 NMN 及游离酶作用重新生成 NAD。该逆反应过程可以在 AMP 存在的情况下使共价闭环超螺旋 DNA 被连接酶催化,产生有缺口的 DNA-腺苷酸,生成松弛的闭环 DNA。

DNA 连接酶最突出的特点是它能够催化外源 DNA 和载体分子之间发生连接作用,形成重组的 DNA 分子。在基因工程操作中,因质粒具有稳定可靠和操作简便的优点,所以在克隆较小的 DNA 片段(<10kb)时,往往优先选择质粒载体。在质粒载体上进行克隆,一般先用限制性内切酶切割质粒 DNA 和目的 DNA 片段,然后在体外进行外源 DNA 片段和线状质粒载体的连接,也就是在双链 DNA 5'-磷酸基和相邻的 3'-羟基之间形成新的共价键。如质粒载体的两条链都带 5'-磷酸基,可生成 4 个新的磷酸二酯键。但如果质粒 DNA 已去磷酸化,则只能形成 2 个新的磷酸二酯键。在这种情况下产生的两个杂交体分子带有 2 个单链切口,当被导入感受态细胞后可被修复。

外源 DNA 片段和质粒载体的连接反应策略有以下几种。

### 一、带有非互补黏性末端 DNA 片段的连接

用两种不同的限制性内切酶对外源 DNA 片段和质粒载体进行消化可以产生带有非互补的黏性末端,通过体外连接可以导致外源 DNA 片段定向插入载体中,这时最容易连接 2 个 DNA 片段。一般情况下,常用的质粒载体均带有由多个不同限制性内切酶的识别序列组成的多克隆位点,因而几乎总是能够找到与外源 DNA 片段末端限制性内切酶酶切位点匹配的载体。通常也可在 PCR 扩增时,在 DNA 片段两端人为加上不同限制性内切酶酶切位点以便与载体相连。

### 二、带有相同黏性末端 DNA 片段的连接

用相同的限制性内切酶或同尾酶处理可得到带有相同黏性末端的 DNA 片段。此种连接的优点是操作简便,但是由于质粒载体也必须用同一种酶酶切,载体本身的两个黏性末端互补,所以很容易在连接过程中形成自身环化,其结果是减少了与外源片段的有效连接。因此,必须仔细调整连接反应中载体 DNA 和外源 DNA 的浓度,以便使正确的连接产物的数量达到最高水平。通常还可以将载体 DNA 的 5'-磷酸基团用碱性磷酸酶去掉,最大限度地抑制质粒 DNA 的自身环化。另外,由于外源 DNA 的双末端与载体的双末端均为互补,所以外源片段与载体可以正反向连接,对于小片段的外源 DNA 也容易产生多拷贝插入。对于这种双向插入的连接方式,必须有鉴别正反向连接的筛选方法。

### 三、带有平末端 DNA 片段的连接

用产生平末端的限制性内切酶或核酸外切酶消化,或由 DNA 聚合酶 I 的 Klenow 片段补平可得到带有平末端的 DNA 片段。由于平末端的连接效率比黏性末端要低得多,故在其连接反应中,T4 DNA 连接酶的浓度和外源 DNA 及载体 DNA 浓度均要高得多。通常还需加入低浓度的聚乙二醇(PEG 8000)、氯化六氨合高钴类促进 DNA 分子凝聚成聚集体的物质以提

高转化率。

### 四、适当改造的 DNA 片段的连接

在特殊情况下,外源 DNA 分子的末端与所用的载体末端无法相互匹配,这时可以在线状质粒载体末端或外源 DNA 片段末端接上合适的接头(linker)或衔接头(adapter)使其匹配,也可以有控制地使用 *E. coli* DNA 聚合酶 I 的 Klenow 大片段部分填平 $3'$ 凹端,使不相匹配的末端转变为互补末端或转为平末端后再进行连接。

### 五、PCR 介导的 DNA 片段的连接

由于 PCR 可以很方便地从体外获得大量的目的基因,所以利用 PCR 介导克隆的方法被广泛应用。通常将 PCR 产物插入载体中有下列一些方法。

1.A/T 连接法:*Taq* DNA 聚合酶具有类似末端转移酶的活性,可在新生成的双链产物的 $3'$ 端加上一个碱基,尤其是 dATP 最容易加上,所以 PCR 产物末端的多余碱基大部分都是 A。利用这一特点,*Taq* DNA 聚合酶扩增的产物可与 T-载体进行黏性末端互补连接,达到高效克隆的目的。T-载体最初由 Promega 公司开发出商品,并一直沿用到现在,这些载体的特点是将普通的克隆载体切成线状,并使之在 $3'$ 末端含有一个凸出碱基 T。这种连接产物在载体和 PCR 产物之间的双链上带两个切口,这种重组 DNA 仍可转化合适的受体菌,并在细菌体内修复。

2.黏性末端连接:为了使 PCR 产物能够方便地克隆到载体上,可在扩增的过程中在其两端添加限制性内切酶酶切位点。在设计引物时,除了考虑正常的特异性序列外,在选择酶切位点的种类时,要保证所选的酶切位点在扩增的 DNA 片段内部不存在。PCR 产物经适当的限制性内切酶切割后产生黏性末端,与 2 个相同内切酶切的载体连接,产生重组 DNA。如果上下游两个引物中含有两个不同的限制性内切酶酶切位点,经酶切后可定向克隆到载体中。

3.平末端连接:由于 *Taq* DNA 聚合酶往往在 PCR 产物 $3'$ 端加上多余的非模板依赖碱基,在用平末端连接克隆 PCR 产物前,可用 Klenow 片段或 T4 DNA 聚合酶处理补平末端。

在实际操作中,如何区分插入有外源 DNA 的重组质粒和无插入而自身环化的载体分子是较为困难的。通过调整连接反应中外源 DNA 片段和载体 DNA 的浓度比例,可以将载体的自身环化限制在一定程度之下,也可以进一步采取一些特殊的克隆策略,如利用细菌或牛小肠碱性磷酸酶处理线性载体 DNA 以移去其末端的 $5'$-磷酸基团等来最大限度地降低载体的自身环化,还可以利用遗传学手段如 α-互补现象等来鉴别重组子和非重组子。

### 六、In fusion 基因克隆方法

In fusion 也叫无缝连接、同源重组,是非连接酶依赖型的无缝克隆,且无须考虑插入片段有没有酶切位点可用,也不用考虑载体上是否有合适的酶切位点将载体线性化。它几乎可以向任何载体的任何位点进行定向克隆,不需要连接酶,主要用到的是重组酶。该克隆技术的基础是 Clontech 的 In fusion 重组酶,此酶通过识别 DNA 片段和线性化载体末端的 15bp 同源序列将 DNA 片段和线性化载体高效、精确地融合在一起。基因克隆的引物设计及目的 DNA 片段的扩增,与常规 PCR 法类似,唯一的差异在于载体末端和引物末端应具有 15～20 个同源碱基,由此得到的 PCR 产物两端便分别带上了 15～20 个与载体序列同源的碱基。通过重组

酶试剂处理,同时除去载体与目的 DNA 上同源片段的双链中的一条链,这样载体和目的 DNA 两端就露出了能够互补配对的序列,依靠同源序列碱基间的配对能使载体和目的 DNA 较为紧密地连在一起而无须连接酶,直接用于转化。

Vazyme 公司的 ClonExpress 技术是一种简单、快速并且高效的 DNA 无缝克隆技术,可将插入片段定向克隆至任意载体的任意位点。将载体进行线性化,在插入片段正/反向 PCR 引物 5′端引入线性化载体的末端序列,使 PCR 产物 5′和 3′最末端分别带有与线性化载体两末端一致的序列(15~20bp)。这种 PCR 产物和线性化载体按一定比例混合后,在重组酶的催化下,37℃反应 30min 即可进行转化,完成定向克隆。ClonExpress Ⅱ 作为新一代重组克隆试剂盒,独特的非连接酶依赖体系,极大地降低了载体自连背景,阳性率可达 95% 以上。高度优化的反应缓冲液及增强的重组酶 Exnase Ⅱ,显著提高克隆的重组效率与对杂质的耐受度,使得线性化载体与插入片段不进行纯化直接用于重组克隆成为可能,极大地简化了实验步骤。

本实验所使用的质粒载体包括 pMD18-T,转化受体菌为 *E. coli* DH5α 菌株。由于 pMD18-T 上带有 *Amp*r 和 *lacZ* 基因,故重组子的筛选采用 Amp 抗性筛选与 α-互补现象筛选相结合的方法。因 pMD18-T 带有 *Amp*r 基因而外源片段上不带该基因,故转化受体菌后只有带有 pMD18-T 的转化子才能在含有 Amp 的 LB 平板上存活下来;而只带有自身环化的外源片段的转化子则不能存活。此为初步的抗性筛选。

pMD18-T 上带有 β-半乳糖苷酶基因(*lacZ*)的调控序列和 β-半乳糖苷酶 N 端 146 个氨基酸的编码序列。这个编码区中插入了一个多克隆位点,但并没有破坏 *lacZ* 基因的阅读框架,不影响其正常功能。*E. coli* DH5α 菌株带有 β-半乳糖苷酶 C 端部分序列的编码信息。在各自独立的情况下,pMD18-T 和 DH5α 编码的 β-半乳糖苷酶的片段都没有酶活性。但在 pMD18-T 和 DH5 融为一体时可形成具有酶活性的蛋白质。这种 *lacZ* 基因上缺失近操纵基因区段的突变体与带有完整的近操纵基因区段的 β-半乳糖苷酸阴性突变体之间实现互补的现象叫 α-互补。

基于 α-互补的蓝白斑筛选:由 α-互补产生的 Lac+ 细菌较易识别,它在生色底物 X-Gal(5-溴-4-氯-3-吲哚-β-D-半乳糖苷)存在下被 IPTG(异丙基硫代-β-D-半乳糖苷)诱导形成蓝色菌落。当外源片段插入到 pMD18-T 质粒的多克隆位点上后会导致读码框架改变,表达蛋白失活,产生的氨基酸片段失去 α-互补能力,因此在同样条件下含重组质粒的转化子在生色诱导培养基上只能形成白色菌落。由此可将重组质粒与自身环化的载体 DNA 分开。此为 α-互补现象筛选。

基于 α-互补的红白斑筛选:在麦康凯培养基上,由 α-互补产生的 Lac+ 细菌由于含 β-半乳糖苷酶,能分解麦康凯培养基中的乳糖,产生乳酸,使 pH 下降,因培养基中的中性红而产生红色菌落。而当外源片段插入到 pMD18-T 质粒的多克隆位点上后,含重组质粒的转化子失去 α-互补能力,因而不产生 β-半乳糖苷酶,无法分解培养基中的乳糖,菌落呈白色。由此可将重组质粒与自身环化的载体 DNA 分开。

TaKaRa 公司产品 10× 连接 Buffer 成分:660mmol/L Tris·HCl(pH 7.6)、66mmol/L MgCl₂、100mmol/L DTT、1mmol/L ATP。在 10μl 连接反应体系中加入 TaKaRa 公司 T4 DNA 连接酶 1μl(350U),16℃(推荐)连接过夜,通常在 4℃过夜连接效果尚佳。

NEW ENGLAND Biolabs 公司产品 10× 连接 Buffer 成分:50mmol/L Tris·HCl(pH 7.6)、10mmol/L MgCl₂、10mmol/L 二硫苏糖醇(DTT)、1mmol/L ATP、26μg/ml 牛血清白蛋白

（BSA）。在 20$\mu$l 反应体系中加入 T4 DNA 连接酶 1$\mu$l（400U），连接温度 16℃（推荐）。连接反应也可在室温下（20～25℃）进行。黏性末端连接 10min 即可，平末端连接 2h。

Thermo Scientific 公司产品 10×Buffer 成分：400mmol/L Tris・HCl（pH 7.8）、100mmol/L MgCl$_2$、100mmol/L DTT、5mmol/L ATP。黏性末端连接，在 20$\mu$l 连接反应体系中加入 T4 DNA 连接酶 1 韦氏单位。平末端连接，在 20$\mu$l 连接反应体系中加入 T4 DNA 连接酶 5 韦氏单位。连接温度 22℃（推荐），黏性末端连接 10min 即可，平末端连接 1h。

连接反应结束后一般不需要灭活处理，如连接好后没有马上转化，则需要灭火处理，即 65℃下 10min 或 70℃下 5min 失活。

牛小肠碱性磷酸（AP）酶是一个二聚体蛋白，它是从线状 DNA 上去除 5′-磷酸基团，从而抑制线性质粒 DNA 的自身连接和环化。目前商品化的碱性磷酸酶都能适配内切酶的缓冲液，其反应温度通常也为酶切的 37℃，如果上一步操作是对质粒进行酶切，则可直接在酶切体系中加入 AP，同时进行酶切和去磷酸化反应，节约时间。不使用 AP 自带的缓冲液，直接将 AP 酶加入酶切体系中反应即可，大部分内切酶适用这种操作。但需要去磷酸基团反应完成后需要对酶进行灭活或对片段进行清洁处理才可进行下一步连接反应。

单独去 5′-磷酸基团反应体系（Thermo Scientific 公司产品）如下：

| | |
|---|---|
| 线性质粒 DNA | 1$\mu$g |
| 10×reaction buffer for AP used in reaction | 2$\mu$l |
| Fast AP Thermosensitive Alkaline Phosphatase | 1$\mu$l（1U） |
| 灭菌去离子水 | to 20$\mu$l |

37℃反应 10～30min，75℃灭活 5min。

随内切酶反应的去磷酸化反应体系（Thermo Scientific 公司产品）如下：

| | |
|---|---|
| 线性质粒 DNA | 1$\mu$g |
| 10×Thermo Scientific Fast Digest Buffer | 2$\mu$l |
| Fast Digest Restriction Enzyme | 1$\mu$l |
| Fast AP Thermosensitive Alkaline Phosphatase | 1$\mu$l（1U） |
| 灭菌去离子水 | to 20$\mu$l |

37℃反应 15～30min，65℃灭活 15min 或 80℃灭活 20min（如果内切酶在 65℃不能灭活的话）。

# 第二节　设备、材料及试剂

## 一、设备

恒温摇床，台式高速离心机，恒温水浴锅，电热恒温培养箱，电泳仪，超净工作台，微量移液枪等。

## 二、材料

外源 DNA 片段：PCR 产物或自行制备的带限制性内切酶末端的 DNA 溶液，浓度已知。

载体 DNA:购买的 pMD18-T 质粒(Amp$^r$,lacZ),自行制备的带限制性内切酶末端的质粒载体 DNA。pGADT7 载体。

宿主菌:*E. coli* DH5α。

### 三、试剂

1. 10×T4 DNA 连接酶反应缓冲液(10×T4 DNA ligase buffer):购买 Thermo Scientific 公司成品。

2. T4 DNA 连接酶(T4 DNA ligase):购买 Thermo Scientific 公司成品。

3. ClonExpress Ⅱ One Step Cloning Kit:购买自 Vazyme 公司。

# 第三节　操作步骤

### 一、PCR 产物的外源片段和 pMD18-T 载体的 TA 连接反应(20μl 体系)

1. 取新的经灭菌处理的 0.5ml 离心管,编号。

2. 将 15μl(0.2μg)外源 PCR 产物转移到无菌离心管中。

3. 加灭菌去离子水至体积为 1.5μl。

4. 加入 0.5μl pMD18-T 载体(50ng/μl)。

5. 加入 2μl 10×T4 DNA ligase buffer。

6. 加入 1μl T4 DNA ligase(1 韦氏单位)。

7. 手指轻弹管底,混匀后用微量离心机将液体全部甩到管底。

8. 于 22℃保温 10～30min。

### 二、双酶切的外源片段和质粒载体的连接反应(20μl 体系)

1. 取新的经灭菌处理的 0.5ml 离心管,编号。

2. 将 4μl(0.1μg)载体 DNA 转移到无菌离心管中,加 3 倍摩尔量的外源 DNA 片段 13μl。

3. 加蒸馏水至体积为 8μl,于 45℃保温 5min,以使重新退火的粘端解链。将混合物冷却至 0℃。

4. 加入 10×T4 DNA ligase buffer 2μl。

5. 加入 T4 DNA ligase 1μl(1 韦氏单位)。

6. 手指轻弹管底,混匀后用微量离心机将液体全部甩到管底。

7. 于 22℃保温 10～30min。

同时做两组对照反应,其中对照组一只有质粒载体无外源 DNA 片段;对照组二只有外源 DNA 片段没有质粒载体。一般此两种对照可以不做。

### 三、In fusion 重组连接反应

利用 Vazyme 公司的 ClonExpress Ⅱ One Step Cloning Kit 进行带同源臂的外源基因片段 SRBSDV *P6* 和 pGADT7 载体的连接反应。

1.取新的经灭菌处理的 0.2ml Eppendorf 离心管,编号。

2.加入 6μl 带有 15bp 同源臂的外源 *P6* 基因片段。

3.加入 2μl *Bam*HⅠ-*Eco*RⅠ双酶切的线性化 pGADT7 载体。

4.加入 4μl 5×CEⅡ Buffer。

5.加入 2μl ExnaseⅡ。

6.加入 6μl 灭菌去离子水至总体积为 20μl。

7.手指轻弹管底混匀,用微量离心机将液体全部甩到管底。

8.于 37℃保温 30min,放置冰上或 4℃暂存,或−30℃长时间保存。

## 四、注意事项

1.连接酶缓冲液的影响:大体上缓冲液含有以下组分:20～100mmol/L 的 Tris·HCl,较多用 50mmol/L,pH 的范围在 7.4～7.8,大多采用 7.8,目的是提供合适酸碱度的连接体系;10mmol/L 的 $MgCl_2$,作用是作为辅助因子激活酶促反应;1～20mmol/L 的 DTT,较多用 10mmol/L,作用是维持还原性环境,稳定连接酶活性;25～50μg/ml 的 BSA,作用是增加蛋白质的浓度,防止因蛋白浓度过稀而使连接酶变性失活。

2.连接酶缓冲液在溶解时,如果出现少量沉淀属正常现象,请于 37℃保温溶解后使用。

3.DNA 连接酶用量与 DNA 片段的性质有关,连接平末端,必须加大酶量,一般使用连接黏性末端酶量的 10～100 倍。在连接带有黏性末端的 DNA 片段时,DNA 浓度一般为 2～10μg/ml,在连接平齐末端时,需加入 DNA 浓度至 100～200μg/ml。

4.连接反应后,反应液在 0℃储存数天,−80℃储存 2 个月,但是在−20℃冰冻保存将会降低转化率。

5.黏性末端形成的氢键在低温下更加稳定,所以尽管 T4 DNA 连接酶的最适反应温度为 37℃,在连接黏性末端时,反应温度以 12～16℃为好,以保证黏性末端退火及酶活性、反应速率之间的平衡,如果黏性末端中 G+C 含量高,其连接反应温度可以适当提高。平末端反应因为不需要考虑末端的退火问题,可在室温进行,但是温度高于 30℃会导致 T4 DNA 连接酶的不稳定。目前一些公司推荐的连接温度为 16℃、22℃或室温。

6.在连接反应中,如不对载体分子进行去 5′-磷酸基处理,应使用过量的外源 DNA 片段(2～5倍),这将有助于减少载体的自身环化,增加外源 DNA 和载体连接的机会。

# 第五章　感受态细胞的制备及连接产物的转化、鉴定

## 第一节　概　述

重组 DNA 分子体外构建完成后,必须导入特定的宿主(受体)细胞,使之无性繁殖并高效表达外源基因或直接改变其遗传性状,这个导入过程及操作统称为重组 DNA 分子的转化。

在原核生物中,转化是一个较普遍的现象。在细胞间转化是否发生,一方面取决于供体菌与受体菌两者在进化过程中的亲缘关系,另一方面还与受体菌是否处于一种感受状态有着很大的关系。在自然条件下,很多质粒都可以通过细菌接合作用转移到新的宿主内,但在人工构建的质粒载体中,一般缺乏此种转移所必需的 *mob* 基因,因此不能自行完成从一个细胞到另一个细胞的接合转移。如需将质粒载体转移进受体菌,必须诱导受体菌产生一种短暂的感受态以摄取外源 DNA。

### 一、大肠杆菌感受态细胞的制备

受体细胞经过一些特殊方法(如电击法、$CaCl_2$、$RbCl$、$KCl$ 等化学试剂法)的处理后,细胞膜的通透性发生了暂时性的改变,成为能允许外源 DNA 分子进入的感受态细胞(compenent cells)。所谓的感受态,即指受体(或者宿主)最易接受外源 DNA 片段并实现其转化的一种生理状态,它是由受体菌的遗传性状所决定的,同时也受菌龄、外界环境因子的影响。cAMP 可以使细胞感受态水平提高一万倍,而 $Ca^{2+}$ 也可大大促进转化。细胞的感受态一般出现在对数生长期,新鲜对数生长期的细胞是制备感受态细胞和进行成功转化的关键。

目前常用的感受态细胞制备方法有 $CaCl_2$ 法和 TB 法,TB 法制备的感受态细胞转化率较高,但 $CaCl_2$ 法更简便易行,且其转化率完全可以满足一般实验的要求。当制备出的感受态细胞暂时不用时,可加入占总体积 15% 的无菌甘油于 $-70℃$ 保存,有效期可达 6 个月。转化过程所用的受体细胞一般是限制修饰系统缺陷的变异株,即不含限制性内切酶和甲基化酶的突变体($R^-$,$M^-$),它可以容忍外源 DNA 分子进入体内并稳定地遗传给后代。

大肠杆菌是基因工程重要的实验菌株,长期以来一直认为其缺乏天然的转化机制。1970年,M. Mandel 和 A. Higa 首先报道 $CaCl_2$ 能够诱导大肠杆菌细胞呈现感受态。紧接着在1972 年 S. N. Cohen 等人证明经 $CaCl_2$ 处理的大肠杆菌细胞可用于质粒 DNA 转化。其原理是细菌处于 $0℃$、$CaCl_2$ 的低渗溶液中,细菌细胞膨胀成球形,转化混合物中的 DNA 形成抗 DNase 的羟基-钙磷酸复合物黏附于细胞表面,经 $42℃$ 短暂的热冲击处理,促使细胞吸收 DNA 复合物,在恢复培养基上生长数小时后,球状细胞复原并分裂增殖,被转化的细菌中,重组子中的基因得到表达,在选择性培养基平板上可选出所需的转化子。$CaCl_2$ 处理的感受态

细胞,其转化率一般能达到 $5 \times 10^6 \sim 2 \times 10^7$ 转化子/μg 质粒 DNA,可以满足一般的基因克隆试验的需要。如在 $Ca^{2+}$ 的基础上,联合其他的二价金属离子(如 $Mn^{2+}$、$Co^{2+}$)、DMSO 或还原剂等物质处理细菌,则可使转化率提高 $100 \sim 1000$ 倍。化学法制备的感受态细胞用于热击转化。

除化学法转化细菌外,还有电击转化法。电击法不需要预先诱导细菌的感受态,而需要使用低盐缓冲液或水洗制备感受态细胞,并需要借助特殊的仪器——电击仪,依靠短暂的电击,促使 DNA 进入细菌,转化率最高能达到 $10^9 \sim 10^{10}$ 转化子/μg 质粒 DNA。电击法因操作简便,愈来愈为人们所接受。

### 二、影响细菌转化率的因素

对 DNA 分子来说,能够被转化进受体细胞的比率极低,通常只占 DNA 分子的 0.01%,因此改变条件来提高细菌的转化率是很有必要的。通常,细菌的转化率受转化 DNA 的浓度、纯度和构型、转化细胞的生理状态以及转化的环境条件等的制约。

1. 质粒的质量和浓度:转化率与外源 DNA 的浓度在一定范围内成正比,但当加入的外源 DNA 的量过多或体积过大时,转化率就会降低。用于转化的质粒 DNA 应主要是超螺旋态 DNA(cccDNA),1ng 的 cccDNA 即可使 50μl 的感受态细胞达到饱和。在转化实验中,DNA 溶液的体积不应超过感受态细胞体积的 5%。需要提及的是,对于质粒 DNA 而言,相对分子质量大的转化率低,大于 30kb 的重组质粒将很难进行转化。此外,重组 DNA 分子的构型与转化率也密切相关,环状重组质粒的转化率较相对分子质量相同的线性重组质粒高 $10 \sim 100$ 倍,因此重组 DNA 大都构成环状双螺旋分子。

2. 受体细胞的生长状态和密度:不要用经过多次转接或储于 4℃的受体菌,最好用 −70℃保存的菌种经固体培养基活化后直接转接用于制备感受态细胞的菌液。细胞生长密度以刚进入对数生长期为好,可通过监测培养液的 $OD_{600}$ 来控制。DH5α 菌株的 $OD_{600}$ 为 0.5 时,细胞密度在 $5 \times 10^7$ 个/ml 左右(不同的菌株情况有所不同)时比较合适,密度过高或不足均会影响转化率。

3. 受体细胞生长的 pH 值:一般来说,接种受体菌前的培养基 pH 值在 $6.8 \sim 7.2$,等菌摇好后,pH 值不要低于 6.0,最好在 6.5 以上。这表示菌体的代谢为有氧代谢,生长状态良好。

4. 试剂的质量:所用的试剂,如 $CaCl_2$ 等均需是最高纯度的(GR. 或 AR.),并用超纯水配制,最好分装保存于干燥的冷暗处。

5. 防止杂菌和杂 DNA 的污染:制备感受态细胞和转化的整个操作过程均应在无菌条件下进行,所用器皿,如离心管、枪头等最好是新的,并经高压灭菌处理,所有的试剂都要灭菌,且注意防止被其他试剂、DNA 酶或杂 DNA 所污染,否则均会影响转化率或杂 DNA 的转入,为以后的筛选、鉴定带来不必要的麻烦。

### 三、转化子的鉴定

进入受体细胞的 DNA 分子通过复制、表达实现遗传信息的转移,使受体细胞出现新的遗传性状。将经过转化后的细胞在筛选培养基中培养,即可筛选出转化子(transformant),即带有异源 DNA 分子的受体细胞。

本实验以 E.coli DH5α 菌株为受体细胞,通过 $CaCl_2$ 处理,诱导其处于感受态,然后与重组的 pMD18-T 质粒共保温,实现热击转化。由于重组 pMD18-T 质粒带有氨苄青霉素抗性基因($Amp^r$)和 $lacZ$ 基因,可通过 Amp 抗性和 α-互补现象来初步筛选转化子。如受体细胞没有转入重组 pMD18-T,则在含 Amp 的培养基上不能生长。能在 Amp 培养基上生长的受体细胞(转化子)初步肯定已导入了重组 pMD18-T。用无菌牙签挑取白色单菌落接种于含 $50\mu g/ml$ Amp 的 5ml LB 液体培养基中,37℃下振荡培养。待转化子扩增后,可将转化的质粒提取出,进行电泳、酶切、PCR 等进一步鉴定,最终筛选出重组质粒;也可以进行菌落 PCR 鉴定。

# 第二节　设备、材料及试剂

## 一、设备

恒温摇床,电热恒温培养箱,台式高速离心机,超净工作台,低温冰箱,恒温水浴锅,制冰机,分光光度计,微量移液枪。

## 二、材料

$E. coli$ DH5α 菌株:R$^-$,M$^-$;Amp$^-$;重组 pMD18-T 质粒 DNA:实验室自制等。

## 三、试剂

1. LB(Luria-Bertani)液体培养基:称取胰蛋白胨(tryptone)10g,酵母提取物(yeast extract) 5g,NaCl 10g,溶于 800ml 去离子水中,用 NaOH 调 pH 值至 7.5,加去离子水至总体积 1L,高压蒸汽灭菌 20min。

LB 固体培养基:液体培养基中每升加 12g 琼脂粉,高压灭菌。

2. Amp 储存液:配成 50mg/ml 水溶液,−20℃保存备用。

3. 含 Amp 的 LB 固体培养基:将配好的 LB 固体培养基高压灭菌后冷却至 60℃左右,加入 Amp 储存液,使终浓度为 $50\mu g/ml$,摇匀后倒平板。

4. 麦康凯培养基(Maconkey medium):取 52g 麦康凯琼脂,加蒸馏水至 1L,微火煮沸至完全溶解,高压灭菌,待冷至 60℃左右加入 Amp 储存液使终浓度为 $50\mu g/ml$,摇匀后倒平板。

5. 60mmol/L $CaCl_2$ 溶液:60mmol/L $CaCl_2$,10mmol/L PIPES,15%甘油,调 pH 值至 7.0 后定容至 100ml,高压灭菌。

6. TB 溶液:10mmol/L PIPES,55mmol/L $MnCl_2$,15mmol/L $CaCl_2$,250mmol/L KCl,定容 100ml。$MnCl_2$ 必须在其他三者溶解并用 5mol/L KOH 溶液调 pH 值至 6.7 后再加入,加 MilliQ 去离子水定容至 100ml,经 $45\mu m$ 的过滤器过滤后储存于 4℃。

7. IPTG 母液:溶于灭菌水配制成 100mmol/L 水溶液(每 10ml 灭菌水加 0.238g IPTG),过滤灭菌后,将溶液按 1ml 分装,−20℃保存。

8. X-Gal 母液:把 X-Gal 配制成 20mg/ml 的二甲基甲酰胺(DMF)溶液,−20℃避光保存。

9. Amp 母液:配制成 100mg/ml 的储存浓度,−20℃保存。

10. 含有 Amp、X-Gal 和 IPTG 的 LB 固体培养基:将高压灭菌好的 LB 固体培养基冷却至 50～60℃时往 LB 培养基中按 $100\mu l$ IPTG 母液/100ml LB 培养基的比例加入 IPTG,按 $200\mu l$

X-Gal 母液/100ml LB 培养基的比例加入 X-Gal,按 100$\mu$l Amp 母液/100ml LB 培养基的比例加入 Amp。现配现用或避光 4℃保存。

# 第三节　操作步骤

## 一、感受态细胞的制备

### (一)CaCl$_2$ 法

1. 取－70℃冻存的 E. coli DH5$\alpha$ 细胞在 LB 平板划线培养,37℃培养至菌落直径约为 1~2mm,从 LB 平板上挑取新活化的 E. coli DH5$\alpha$ 单菌落,接种于 3~5ml LB 液体培养基中,37℃下振荡培养 12h 左右,直至对数生长后期。将该菌悬液以 1:50~1:100 的比例接种于100ml LB 液体培养基中,37℃振荡培养 2~3h 至 OD$_{600}$＝0.5 左右。

2. 将 25ml 培养液转入 50ml 灭菌离心管中,冰上放置 10min,然后于 4℃下 2000×$g$ 离心 10min。

3. 弃去上清,用预冷的 60mmol/L CaCl$_2$ 溶液 10ml 轻轻悬浮细胞,冰上放置 15~30min,然后于 4℃下 2000×$g$ 离心 10min。

4. 弃去上清,加入 4ml 预冷的 60mmol/L CaCl$_2$ 溶液,轻轻悬浮细胞,冰上放置 10min,即成感受态细胞悬液。

5. 将感受态细胞以每管 200$\mu$l 分装于 1.5ml 离心管中,并立即于液氮速冻,贮存于－70℃冰箱保存,备用。

### (二)TB 法

1. 取－70℃冻存的 E. coli DH5$\alpha$ 细胞在 LB 平板划线培养,37℃培养至菌落直径约为 1~2mm,从 LB 平板上挑取新活化的 E. coli DH5$\alpha$ 单菌落,接种于 3~5ml LB 液体培养基中,37℃下振荡培养 12h 左右,直至对数生长后期。将该菌悬液以 1:100~1:50 的比例接种于100ml LB 液体培养基中,37℃振荡培养 2~3h 至 OD$_{600}$＝0.5 左右。

2. 将 25ml 培养液转入 50ml 灭菌离心管中,冰上放置 10min,然后于 4℃下 2500×$g$ 离心 10min。

3. 弃去上清,用 8ml 预冷的 TB 缓冲液悬浮细菌沉淀,冰浴 10min,4℃下 2500×$g$ 离心 10min。

4. 用 4ml TB 缓冲液悬浮沉淀,加入 DMSO 至终浓度为 7%,轻轻混匀,冰浴 10min。

5. 将感受态细胞以每管 200$\mu$l 分装于 1.5ml 离心管中,并立即于液氮速冻,贮存于－70℃冰箱保存,备用。

### (三)用于电转化的农杆菌感受态细胞的制备

1. 从新鲜的农杆菌 EHA105 菌株平板中挑取一个单菌落到含 5ml LB 培养液的试管中,培养过夜,然后以 1:100 接种到含 500ml LB 培养液的 1L 锥形瓶中,37℃培养至菌液的OD$_{600}$＝0.3~0.5。

2. 在无菌条件下将细菌转移到无菌、用冰预冷的 500ml 离心瓶中,在冰上放置 10min。

3. 于 4℃以 3000r/min 离心 20min,回收细胞。

4.去上清,沉淀用 5ml 预冷的无菌水重悬。

5.将菌液移至 50ml 无菌、预冷的离心管中,加 50ml 预冷的无菌水,轻轻混匀。

6.3000r/min 离心 20min。

7.去上清,沉淀用剩余的液体重悬。加 50ml 预冷的无菌水,轻轻混匀。重复步骤 6。

8.去上清,沉淀用剩余的液体重悬。加 40ml 预冷、无菌的 10%(V/V)甘油,轻轻混合。重复步骤 6。

9.去上清,估计沉淀的体积,加入等体积的 10% 甘油,重悬细菌。按 $100\mu l$/管分装于预冷的 1.5ml 离心管中。$-72℃$ 保存。

**注意事项:**

1.受体细胞一般应是限制-修饰系统缺陷的突变株,即不含限制性内切酶和甲基化酶的突变株,并且受体细胞还应与所转化的载体性质相匹配。

2.所用的 $CaCl_2$ 等试剂均需是最高纯度的,并用最纯净的去离子水配制,所使用的器具必须是非常洁净的,试剂配制好后最好分装保存于 4℃。

3.控制培养基的装量,这关系到菌体生长过程中是有氧还是无氧生长。厌氧生长出来的菌体是做不出高效率的感受态的。建议装量值为:培养基体积/三角瓶容量=100ml/500ml 或 50ml/250ml。

4.控制细胞的生长状态和密度。最好从 $-70℃$ 甘油保存的菌种活化后直接转接用于制备感受态细胞的菌液。不要用已经过多次转接及贮存在 4℃ 的培养菌液。细胞生长密度以每毫升培养液中的细胞数在 $5\times10^7$ 个左右为佳,即应用对数期或对数生长前期的细菌,可通过测定培养液的 $OD_{600}$ 控制。应注意 $OD_{600}$ 值与细胞数之间的关系随菌株的不同而不同。密度过高或不足均会使转化率下降。

5.防止菌株被污染。

6.低温离心时,离心机应先预冷;持续低温操作时,操作间隙应保持离心机盖关闭。

7.制备感受态的 60mmol/L $CaCl_2$ 溶液时得调 pH 为 7.0,否则 PIPS 难以溶解,因为 PIPS 在 pH 为 7.0 条件下才能完成溶解。

8.LB 固体培养基冷却至 $50\sim60℃$ 时才能加入 X-Gal 和 IPTG,因为高温时 IPTG 和 X-Gal 易降解。

## 二、连接产物的热击转化

1.从 $-70℃$ 冰箱中取 $200\mu l$ 感受态细胞悬液,室温下使其解冻,解冻后立即置冰上。

2.加入重组 pMD18-T 质粒 DNA 溶液 $5\mu l$ 或连接产物 $10\sim20\mu l$,轻轻摇匀,冰上放置 30min。

3.42℃水浴中热击 60s,热击后迅速置于冰上冷却 $3\sim5$min。

4.加入 1ml LB 液体培养基(不含 Amp),混匀后 37℃ 振荡培养 1h,使细菌恢复正常生长状态,并表达质粒编码的抗生素抗性基因($Amp^r$)。

5.将上述菌液在 6500r/min 下离心 3min,倾斜离心管倒掉上清(上清不能被完全去除,最终会有约 $100\mu l$ 残留在离心管底),用移液枪轻轻吹打混匀后将沉淀混匀后涂布于含 Amp 的 LB 或 Amp+X-Gal+IPTG 的 LB 或 Amp 麦康凯筛选培养基平板上,正面向上放置0.5h,待菌液完全被培养基吸收后倒置培养皿,37℃ 培养 $16\sim24$h。

6.以同体积的无菌双蒸水代替 DNA 溶液,其他操作与上面相同。此组正常情况下在含抗生素的 LB 平板上应没有菌落出现。

7.以同体积的无菌双蒸水代替 DNA 溶液,但在第 5 步时将菌液摇匀后只取 5μl 涂布于不含抗生素的 LB 平板上,此组正常情况下应产生大量菌落。

8.计算转化率。统计每个培养皿中的菌落数。当转化率较高时,需将转化液进行多梯度稀释涂板才能得到单菌落平板;当转化率较低时,涂板时必须将菌液浓缩(如离心),才能较准确地计算转化率。

转化后在含抗生素的平板上长出的菌落即为转化子,根据此皿中的菌落数可计算出转化子总数和转化频率,公式如下:

转化子总数=菌落数×稀释倍数(转化反应原液总体积/涂板菌液体积)

转化频率=转化子总数/质粒 DNA 加入量(μg)

感受态细胞总数=对照组菌落数×稀释倍数(菌液总体积/涂板菌液体积)

感受态细胞转化率=转化子总数/感受态细胞总数

**注意事项:**

1.用于转化的质粒 DNA 应主要是超螺旋态的,转化率与外源 DNA 的浓度在一定范围内成正比,但当加入的外源 DNA 的量过多或体积过大时,则会使转化率下降。一般地,DNA 溶液的体积不应超过感受态细胞体积的 5%~10%。

2.防止杂菌和杂 DNA 的污染。整个操作过程均应在无菌条件下进行,所用器皿,如离心管、移液枪头等最好是新的,并经高压灭菌处理。所有的试剂都要灭菌,且注意防止被其他试剂、DNA 酶或杂 DNA 所污染,否则均会影响转化率或杂 DNA 的转入。

3.42℃热击的时间与离心管的厚度、菌液的体积、转入片段的大小直接相关,一般建议热击 45s,热击时间不宜超过 90s,否则转化率会下降。

4.整个操作均需在冰上进行,不能离开冰浴,否则细胞转化率将会降低。

5.连接反应后,连接反应液可以在 0℃储存数天,−80℃储存 2 个月,但是在−20℃冰冻保存将会降低转化率。

### 三、转化子的鉴定

1.倒置平板于 37℃继续培养 12~16h,待出现明显而又未相互重叠的单菌落时拿出平板。不带有 pMD18-T 质粒 DNA 的细胞,由于无 Amp 抗性,不能在含有 Amp 的筛选培养基上存活。由 α-互补产生的 Lac⁺ 细菌在生色底物 X-Gal(5-溴-4 氯-3-吲哚-β-D-半乳糖苷)存在下被 IPTG(异丙基硫代-β-D-半乳糖苷)诱导表达的 β-半乳糖苷酶作用下形成蓝色菌落。当外源片段插入载体的多克隆位点上后会导致读码框架改变,表达蛋白 β-半乳糖苷酶失活,产生的氨基酸片段失去 α-互补能力,因此在同样条件下含重组质粒的转化子在 X-Gal＋IPTG 的 LB 生色诱导培养基上形成白色菌落。带有 pMD18-T 空载体的转化子由于具有 β-半乳糖苷酶活性,在麦康凯筛选培养基上呈现红色菌落。而带有重组 pMD18-T 质粒的转化子由于失去了 β-半乳糖苷酶活性,不能分解乳糖,故在麦康凯筛选培养基上呈现白色菌落。

2.酶切和 PCR 鉴定重组质粒。用无菌牙签挑取白色单菌落接种于含 Amp 50μg/ml 的 5ml LB 液体培养基中,37℃下振荡培养 12h。使用煮沸法快速分离质粒 DNA,同时与用煮沸法抽提的 pMD18-T 质粒做对照,电泳观察,有插入片段的重组质粒电泳时迁移率较 pMD18-T

空载体慢。进一步用与载体连接末端相对应的限制性内切酶进行酶切检验。还可用特异性的引物进行菌落 PCR 鉴定重组质粒。

**注意事项:**

1. 麦康凯选择性琼脂组成的平板,在含有适当抗生素时,携带 pMD18-T 空载体 DNA 的转化子为淡红色菌落,而携带插入片段的重组质粒转化子为白色菌落。该方法筛选效果类似蓝白斑筛选,且价格低廉;但需及时挑取白色菌落,当培养时间延长时,白色菌落会逐渐变成微红色,影响挑选。

2. 有些载体带有 β-内酰胺酶基因,表达出的 β-内酰胺酶可以破坏氨苄青霉素。若细菌培养时间过长,β-内酰胺酶积累过多,就会使重组转化子周围的氨苄青霉素失效,导致不含质粒的空菌落大量生长,这就是卫星菌落。

# 第六章　PCR 扩增技术和 qPCR 技术

# 第一节　概　述

聚合酶链反应(polymerase chain reaction,PCR)是指在引物指引下由 $Taq$ 酶催化的对特定克隆或基因组 DNA 序列进行体外扩增反应。PCR 技术具有特异、敏感、高产、快速、简便、重复性好、易自动化等优点。该技术是由美国 Cetus 公司 Kary B. Mullis 于 1983 年发明的,他因此获得了 1993 年的诺贝尔化学奖。目前,PCR 技术已经渗透到分子生物学的各个领域,在分子克隆、基因诊断、基因重组和突变等方面得到了广泛应用。

## 一、PCR 技术的基本原理

PCR 是在试管中进行的 DNA 复制反应,基本原理与体内相似,不同之处是耐热的 $Taq$ DNA 聚合酶取代 DNA 聚合酶,用合成的 DNA 引物替代 RNA 引物,用加热(变性)、冷却(退火)、保温(延伸)等改变温度的办法使 DNA 得以复制,反复进行变性、退火、延伸循环,就可使 DNA 无限扩增。PCR 具体分三个基本步骤。

1. 变性(denature):将 PCR 反应体系升温至 94℃左右,目的双链的 DNA 模板就解开成两条单链,此过程为变性。

2. 退火(anneal):将温度降至引物的 Tm 值以下,3′端与 5′端的引物各自与两条单链 DNA 模板的互补区域通过氢键配对结合,此过程称为退火。

3. 延伸(extension):当反应体系的温度升至 72℃左右时,耐热的 $Taq$ DNA 聚合酶催化四种脱氧核糖核苷三磷酸按照与模板 DNA 的核苷酸序列互补的方式依次加至引物的 3′端,形成新生的 DNA 链。

由这三个基本步骤组成一轮循环,每一次循环使反应体系中的 DNA 分子数增加约 1 倍,这些经合成产生的 DNA 又可作为下一轮循环的模板,经 25～35 轮循环就可使 DNA 扩增达 $10^6$～$10^7$ 倍。

## 二、参与 PCR 反应体系的因素及其作用

参与 PCR 反应的因素主要包括模板核酸、引物、$Taq$ DNA 聚合酶、缓冲液、$Mg^{2+}$、脱氧核糖核苷三磷酸(dNTP)、反应温度与循环次数、PCR 仪等。现对它们的作用介绍如下。

1. 引物:PCR 反应产物的特异性与长度由一对上下游引物,即 5′端引物(正向引物)与 3′端引物(反向引物)所决定。5′端引物是指与模板 5′端序列相同的寡核苷酸,3′端引物是指与模板 3′端序列反向互补的寡核苷酸。引物的好坏往往是决定 PCR 成败的关键。

引物设计和选择目的 DNA 序列区域时可遵循下列原则:

(1)引物长度约为16～30bp,太短会降低退火温度,影响引物与模板配对,造成引物与非靶标序列结合,从而使非特异性扩增产物增加;太长则比较浪费,难以合成,且引物过长使延伸温度超过 $Taq$ DNA 聚合酶的最适温度(74℃),亦会影响 PCR 扩增的特异性。

(2)引物中 G+C 含量通常为 40%～60%,可按下式粗略估计引物的解链温度(Tm 值):

$$Tm=4(G+C)+2(A+T)$$

(3)四种碱基应随机分布,尤其在 3′端不应存在连续 3 个 G 或 C,否则会使引物与模板的 G 或 C 富集区错误互补,影响 PCR 扩增的特异性。

(4)在引物内,尤其在 3′端应不存在二级结构。

(5)两引物之间尤其在 3′端不能互补,以防出现引物二聚体,减少目的产物的产量。两引物间最好不存在 4 个连续碱基的同源性或互补性。

(6)引物 5′端对扩增特异性影响不大,可在引物设计时加上限制性内切酶酶切位点以及标记生物素、荧光素、地高辛等。通常应在 5′端限制性内切酶酶切位点外再加 1～5 个保护碱基。

(7)引物 3′端是引发延伸的点,因此不应错配。由于 4 种脱氧核糖核苷三磷酸(A、T、C、G)引起错配有一定规律,以引物 3′端 A 影响最大,因此尽量避免在引物 3′端第一位碱基是 A。引物 3′端也不要是编码密码子的第三个碱基,以避免因为密码子第 3 位简并性而影响扩增特异性。

(8)引物不与模板结合位点以外的序列互补。引物与非靶标序列之间的同源性不要超过 70%或有连续 8 个互补碱基同源,否则易导致非特异性扩增。

(9)上下游引物的 Tm 值尽量接近。一对引物的 GC 含量和 Tm 值应该协调。协调性差的引物对的扩增效率和特异性都较差,因为降低了 Tm 值导致特异性的丧失。而采用太高的退火温度,Tm 值低的引物则可能完全不发挥作用。一般来说,一对引物的 Tm 值相差尽量不超过2～3℃。

一般 PCR 反应中的引物终浓度为 $0.1～0.5\mu mol/L$。引物过多会引起错配和非特异性产物扩增,并增加引物之间形成引物二聚体的概率;引物过少则降低 DNA 合成的产率。引物的纯度和稳定性也直接影响到 PCR 的结果,因此引物合成后必须通过 PAGE 或 HPLC 纯化,引物的稳定性则依赖于储存条件,一般应将干粉和溶解的引物储存在−20℃条件下。

2. 四种脱氧核糖核苷三磷酸(dNTP):dNTP 为 PCR 反应的底物。因 dNTP 具有较强的酸性,使用时应用 NaOH 将 pH 调至 7.0,并用分光光度计测定其准确浓度。dNTP 原液可配成 5～10mmol/L 并分装,−20℃贮存,注意过多次的冻融会使 dNTP 降解。一般反应中 4 种 dNTP 的浓度应该相等,以减少合成中由于某种 dNTP 的不足出现的错误掺入。每种 dNTP 的终浓度一般为 $20～200\mu mol/L$,在此范围内,PCR 产物的量、反应的特异性与忠实性之间的平衡最佳。

3. $Mg^{2+}$ : $Mg^{2+}$ 浓度对 $Taq$ DNA 聚合酶影响很大,$Mg^{2+}$ 浓度过低,$Taq$ DNA 聚合酶酶活性显著降低;$Mg^{2+}$ 浓度过高,又使酶催化非特异性扩增。通常 $Mg^{2+}$ 浓度范围为 1.5～2mmol/L(对应的 dNTP 浓度为 $200\mu mol/L$ 左右)。在 PCR 反应混合物中,$Taq$ DNA 聚合酶的活性只与游离的 $Mg^{2+}$ 浓度有关,而 PCR 反应体系中,dNTP、引物、DNA 模板等中的所有磷酸基团均可与 $Mg^{2+}$ 结合而降低 $Mg^{2+}$ 的游离浓度。因此,$Mg^{2+}$ 的总量应比 dNTP 的浓度高 0.5～1.0mmol/L。

4. 模板:PCR 反应必须以 DNA/含重组质粒的菌落/菌液为模板进行扩增。模板 DNA 可以是单链分子,也可以是双链分子、线状分子,还可以是环状分子(线状分子比环状分子的扩增效果稍好)。就模板 DNA 而言,影响 PCR 的主要因素是模板的数量和纯度。一般反应中的模板用量很低,理论上 $10^2 \sim 10^5$ 拷贝的模板可满足各种要求的 PCR。模板量过多则可能增加非特异性产物。多数 PCR 对模板的纯度要求不高,只要不存在交叉污染,模板中存在一定量的蛋白质、有机物等对 PCR 扩增过程影响不大。但是在某些情况下,DNA 中的杂质也会影响 PCR 扩增的效率。

5. *Taq* DNA 聚合酶:1988 年,R. K. Saiki 等人成功地将热稳定的 *Taq* DNA 聚合酶应用于 PCR 扩增,使 PCR 的特异性和敏感性都有了明显的提高。一般 *Taq* DNA 聚合酶活性半衰期为 92.5℃ 130min,95℃ 40min,97℃ 5min。在 PCR 反应中,*Taq* DNA 聚合酶所用的酶量可根据模板 DNA、引物及其他因素的变化进行适当的增减,酶量过多会使非特异性产物增加,过少则使 DNA 产量降低。通常每 $100\mu l$ 反应液中含 $1 \sim 2.5U$ *Taq* DNA 聚合酶就足以进行 30 轮循环。因 *Taq* DNA 聚合酶在体外无 $3' \to 5'$ 外切核酸酶活性,故无校正阅读功能,在扩增过程中可引起错配,一般 PCR 中出错率为每轮循环 $2 \times 10^{-4}$ 核苷酸。错配碱基的数量受温度、$Mg^{2+}$ 浓度和循环次数的影响,应用低浓度的 dNTP(各 $20\mu mol/L$)、$1.5mmol/L$ 的 $Mg^{2+}$ 浓度、高于 55℃ 的复性温度,可提高 *Taq* DNA 聚合酶的忠实性,此时的平均错配率仅为每轮循环 $5 \times 10^{-6}$ 核苷酸。但是利用 *Taq* DNA 聚合酶进行 PCR 在扩增片段的精确程度和合成片段的大小方面都有一定局限性。现在人们又发现了许多新的耐热的 DNA 聚合酶,如 Pfu DNA 聚合酶、PrimeSTAR DNA 聚合酶等,因其在体外有 $3' \to 5'$ 外切酶活性,这些酶兼具高保真性和高扩增效率,在扩增过程中错误率极低。PCR 反应结束后,如果需要利用这些扩增产物进行下一步实验,需要预先灭活耐热的 DNA 聚合酶,常用的方法有:

(1)PCR 产物经酚/氯仿抽提,乙醇沉淀。

(2)加入 10mmol/L 的 EDTA 螯合 $Mg^{2+}$。

(3)99~100℃加热 10min。

(4)利用 PCR 清洁试剂盒直接纯化 PCR 产物。

6. 反应缓冲液:缓冲液提供 PCR 反应适合的酸碱度与某些离子,反应缓冲液一般含 10~50mmol/L Tris・HCl(20℃下 pH 8.3~8.8)以及 50mmol/L KCl 和适当浓度的 $Mg^{2+}$,在实际 PCR 反应中,pH 为 6.8~7.8,50mmol/L KCl 有利于引物的退火。另外,反应缓冲液可加入 5mmol/L 二硫苏糖醇(DDT)或 $100\mu g/ml$ 牛血清白蛋白(BSA),它们可稳定 *Taq* DNA 聚合酶的活性,另外加入 T4 噬菌体的基因 32 蛋白则对扩增较长的 DNA 片段有利。需要注意的是,各种 *Taq* DNA 聚合酶商品都有自己特定的一些缓冲液。目前有含有 4 种 dNTP、$Mg^{2+}$ 和 *Taq* 酶混合的反应缓冲液。

### 三、PCR 反应参数

标准 PCR 反应采用三温度点法,分别是 93~95℃变性,45~65℃退火,70~75℃延伸。对于扩增较短靶基因(长度为 100~300bp)时可采用二温度点法,一般采用 94℃变性,65℃左右退火与延伸。

1. 变性:根据模板 DNA 的复杂程度,可以调整变性温度和时间,一般情况下变性温度选择 94℃。变性温度过高或时间过长都会导致酶活性的损失。在第一轮循环前,在 94℃下预变性 2~5min 非常重要,它可使模板 DNA 完全解链,这样可减少聚合酶在低温下仍有活性从而延伸非特异性配对的引物与模板结合所造成的错误。一般变性温度与时间为 94℃ 35～60s。对于富含 GC 的序列，可适当提高变性温度。值得注意的是，变性不完全，往往使 PCR 失败，因为未变性完全的 DNA 双链会很快复性，最终减少 DNA 产量。为防止在变性温度时反应液的蒸发，可在反应管内加入 1～2 滴液体石蜡或将 PCR 仪器设置成热盖。

2. 退火：引物退火的温度和所需时间的长短取决于引物的碱基组成、引物的长度、引物与模板的配对程度以及引物的浓度。实际使用的退火温度比扩增引物的 Tm 值约低 5℃。退火反应时间一般为 30～40s。一般当引物中 GC 含量高、长度较长并与模板完全配对时，应提高退火温度。退火温度越高，所得产物的特异性越高；而退火温度过低，易引起非特异性扩增。在 PCR 开始的头一次循环时，反应从远低于 Tm 值的温度开始升温，由于 *Taq* DNA 聚合酶在低温时仍具有活性，这时就可能因引物与模板非特异性配对而出现非特异性产物或出现引物二聚体，然后在以后整个 PCR 反应中，非特异性产物反复扩增而使 PCR 严重失败。为了尽量消除这种非特异性扩增，可以使用热起动的方式，常用的方法有两种：一是在 PCR 系统中加入抗 *Taq* DNA 聚合酶的抗体。抗体与 *Taq* DNA 聚合酶结合，使酶活性受抑制。因此在开始时，虽然温度低，引物可与模板错配，但因 *Taq* DNA 聚合酶没有活性，不会引起非特异性扩增；当进行热变性时，抗体在高温时失活，*Taq* DNA 聚合酶被释放，就可发挥作用，在以后的延伸步骤进行特异的 DNA 聚合反应；二是应用了在高温下才释放出热稳定的 *Taq* DNA 聚合酶的抑制剂，使延伸步骤在最佳温度下开始。

3. 延伸：延伸反应温度通常为 72℃，接近于 *Taq* DNA 聚合酶的最适反应温度 75℃。实际上，引物延伸在退火时即已开始，因为 *Taq* DNA 聚合酶的作用温度范围可从 20℃ 到 85℃。延伸反应时间的长短可根据待扩增片段的长度而定。在一般反应体系中，*Taq* DNA 聚合酶每分钟约可合成 1kb 长的 DNA。目前有商品化的快速扩增 *Taq* 酶，其 5s 扩增 1kb 的 DNA。延伸时间过长会导致产物非特异性增加，但对很低浓度的目的序列，则可适当增加延伸反应的时间。一般在扩增反应完成后，都需要一步较长时间（10～30min）的延伸反应进行补平，以获得尽可能完整的产物，这对以后进行克隆或测序反应尤为重要。

4. 循环次数：一般而言 25～35 轮循环已经足够。循环次数过多，会使非特异性产物大量增加。通常经 25～35 轮循环扩增后，反应中 *Taq* DNA 聚合酶已经不足，如果此时产物量仍不够，需要进一步扩增，可将扩增的 DNA 样品稀释 $10^3$～$10^5$ 倍作为模板，重新加入各种反应底物进行扩增，这样经 60 轮循环后，扩增水平可达 $10^9$～$10^{10}$。在 PCR 过程中，DNA 的扩增过程遵循酶的催化动力学原理：在扩增初期，目的 DNA 片段呈指数级增加。在扩增后期，由于产物积累，使原来呈指数扩增的反应变成平坦的曲线，产物不再随循环数而明显上升，这称为平台效应。平台期会使原先由于错配而产生的低浓度非特异性产物继续大量扩增，达到较高水平。因此，应适当调节循环次数，在平台期前结束反应，这样将最大程度地减少非特异性产物。

本实验利用菌落 PCR 技术对上一个实验中获得的转入重组 pMD18-T 质粒的 *E. coli* DH5α 转化子进行进一步的筛选。菌落 PCR（colony PCR）是直接以转化菌的单个菌落为 DNA 模板，通过特异性引物或通用引物对插入载体中的目的基因进行快速扩增的方法。与传统的鉴定方法相比，菌落 PCR 可不必提取质粒 DNA，而是直接以菌体热解后暴露的 DNA 为模板进行 PCR 扩增，省时省力，因其具有快速、经济、简便的特点而被广泛用于转化菌，特别是大量转化子的鉴定和筛选。

　　实时荧光定量PCR(quantitative real-time PCR,qPCR)是一种在DNA扩增反应中,通过添加荧光标记信号来检测每次聚合酶链反应(PCR)循环后荧光标记产物总量,并通过内参法对待测样品中的特定DNA序列进行定量分析的方法。由于在PCR扩增的指数时期,模板的循环阈值(cycle threshold value,CT值)和该模板的起始拷贝数存在线性关系,所以可以通过计算公式推测模板起始拷贝数或相对量。CT值是每个反应管内的荧光信号到达设定阈值时所经历的循环数。循环阈值的设定:在荧光扩增曲线上人为设定一个值,它可以设定在荧光信号指数扩增阶段任意位置,但一般将荧光域值的缺省设置为3~15个循环的荧光信号的标准偏差的10倍,即 $threshold = 10 \times SD_{cycle\ 3\sim15}$ 。每个反应管内的荧光信号到达设定的域值时所经历的循环数被称为CT值,每个模板的CT值与该模板的起始拷贝数的对数存在线性关系,即起始拷贝数越多,CT值越小。计算公式如下:

$$CT = -1/\lg(1+E_x) \times \lg X_0 + \lg N/\lg(1+E_x)$$

式中,CT为扩增反应的循环次数, $X_0$ 为初始模板量, $E_x$ 为扩增效率, $N$ 为荧光扩增信号达到阈值强度时扩增产物的量。

　　利用已知起始拷贝数的标准品可作出标准曲线,其中横坐标代表起始拷贝数的对数,纵坐标代表CT值。因此,只要获得样品的CT值,即可从标准曲线上计算出该样品的起始拷贝数。

　　qPCR所使用的荧光物质可分为两种,即荧光染料和荧光探针。因此qPCR有两种方法:使用荧光染料的SYBR Green染料法和使用荧光探针的TaqMan探针法。TaqMan探针法在PCR扩增时在加入一对特异性引物的同时加入一个特异性的荧光探针,该探针为一寡核苷酸,两端分别标记一个报告荧光基团和一个淬灭荧光基团。探针完整时,报告荧光基团发射的荧光信号被淬灭荧光基团吸收。PCR扩增时, $Taq$ 酶的 $5' \rightarrow 3'$ 外切酶活性将探针酶切降解,使报告荧光基团和淬灭荧光基团分离,从而荧光监测系统可接收到荧光信号,即每扩增一条DNA链,就有一个荧光分子形成,实现了荧光信号的累积与PCR产物形成完全一致。将标记有荧光素的TaqMan探针与模板DNA混合后,完成高温变性、低温复性、适温延伸的热循环,并遵守聚合酶链反应规律,与模板DNA互补配对的TaqMan探针被切断,荧光素游离于反应体系中,在特定光激发下发出荧光,随着循环次数的增加,被扩增的目的基因片段呈指数级增长,通过实时检测与之对应的随扩增而变化的荧光信号强度,求得循环阈值(CT值),同时利用已知模板浓度的标准品作对照,即可得出待测标本目的基因的拷贝数。但因TaqMan探针法需要合成一条特异性的荧光探针,操作较麻烦,成本也较高,故目前比较少用。

　　SYBR Green荧光染料是一种结合于所有dsDNA双螺旋小沟区域的具有绿色激发波长的染料。在PCR反应体系中,加入过量SYBR Green荧光染料,在游离状态下SYBR Green不发荧光,但一旦特异性地结合到DNA双链中时能被激发而发射荧光信号。因此,反应管中的荧光信号强度与双链DNA的数量相关,可以根据荧光信号强度检测出PCR体系中存在的双链DNA数量。该方法操作简单方便,成本也相对低廉,故目前比较常用。

　　荧光扩增曲线分三个阶段:荧光背景信号阶段、荧光信号指数扩增阶段和平台期。在荧光背景信号阶段,扩增的荧光信号被荧光背景信号所掩盖,无法判断产物量的变化,而在平台期,扩增产物已不再呈指数级增长,只有在荧光信号指数扩增阶段,PCR产物量的对数值与起始模板量之间存在线性关系,可以选择在这个阶段进行定量分析。

　　解链温度(Tm值)是单链和双链DNA各占50%时的温度,其能确定扩增产物纯度,鉴定扩增产物,优化退火温度。SYBR Green 仅与双链 DNA 进行结合,因此可以通过熔解曲线,确定 PCR 反应是否特异。qPCR 结束后加一个熔解程序来形成熔解曲线,判断 PCR 产物的特异性扩增。若仪器自带检测熔解曲线的程序,选择默认即可。

qPCR 引物设计:每个检测的靶基因都需要至少一对引物,qPCR 引物扩增产物长度通常为 100～300bp,对特异性要求较高,引物 3′末端不应有二级结构,GC 含量适中,长度以 16～25bp 为宜,退火温度在 55～60℃。qPCR 与普通 PCR 的不同之处:qPCR 退火温度较高 (55～60℃),qPCR 扩增片段短,反应体系小。另外,qPCR 反应只有 2 步,即变性和退火延伸 (扩增),退火延伸在同一个温度下进行。

实时荧光定量 PCR 的技术优势:①实时监测。通过扩增曲线能够实时监测 PCR 产物的积累。②特异性强。实验完成后,熔解曲线的分析可以验证扩增产物的特异性,降低假阳性。③精确定量。利用扩增进入指数增长期的 CT 值来定量测定起始模板量,实现精确的核酸定量检测。④灵敏度比常规 PCR 高。

# 第二节　设备、材料及试剂

## 一、设备

移液枪及吸头,PCR 小管,PCR 仪,台式高速离心机,超净工作台,琼脂糖凝胶电泳所需设备(电泳槽及电泳仪)。

## 二、材料

含有重组 pMD18-T 质粒的 *E. coli* DH5α 转化菌的平板,质粒 DNA 或提纯的基因组 DNA。

## 三、试剂

1. 10×PCR 反应缓冲液。
2. 4 种 dNTP 混合物:每种 10mmol/L。
3. 引物 1 和 2:10μmol/L。
4. *Taq* DNA 聚合酶(5U/μl)。
5. 其他试剂:矿物油(石蜡油),1% 琼脂糖,5×TBE,酚:氯仿:异戊醇(25:24:1),无水乙醇和 70% 乙醇。
6. AxyGEN 割胶回收试剂盒。

# 第三节　操作步骤

## 一、常规 PCR 反应

1. 在置于冰上的 PCR 管中依次加入下列试剂(50μl 反应体系,根据需要调整总的 PCR 反应液的体积）：

|  |  |
|---|---|
| 灭菌去离子水 | 40.5μl |
| 10×PCR 反应缓冲液（已加入 $MgCl_2$） | 5μl |
| 模板 DNA（质粒 DNA、基因组 DNA 等） | 1μl |
| 4 种 dNTP 的混合物 | 1μl |
| 上游引物 | 1μl |
| 下游引物 | 1μl |
| *Taq* DNA 聚合酶（约 2.5U） | 0.5μl |

混匀后离心 5s。

当检测 $N$ 个样品时，推荐先把除 DNA 模板外的各个成分乘以 $N$ 的量加到 1 个离心管中，混匀，分装于 $N$ 个 PCR 管中（49μl/管），然后每个 PCR 管中分别加入不同的 DNA 模板 1μl，混匀后进行 PCR，这样可以大大提高工作效率。

2. 以不加入任何模板的 PCR 反应液作为阴性对照，以加入外源 DNA 片段作为模板的 PCR 反应液作为阳性对照。

3. 在 PCR 仪上设置反应参数。94℃预变性 2min，94℃变性 35s，50℃退火 35s，72℃延伸 1min，30 轮循环，最后一轮循环结束后，于 72℃下延伸 10min。设置热盖。

### 二、菌落 PCR

1. 在置于冰上的 PCR 管中依次加入下列试剂（50μl 反应体系，根据需要调整总的 PCR 反应液的体积）：

|  |  |
|---|---|
| 灭菌去离子水 | 41.5μl |
| 10×PCR 反应缓冲液（已加入 $MgCl_2$） | 5μl |
| 4 种 dNTP 的混合物 | 1μl |
| 上游引物（引物 1） | 1μl |
| 下游引物（引物 2） | 1μl |
| *Taq* DNA 聚合酶（约 2.5U） | 0.5μl |

混匀后离心 5s。

或置于冰上的 PCR 管中依次加入下列试剂（25μl 反应体系）：

|  |  |
|---|---|
| 灭菌去离子水 | 10.5μl |
| 上游引物 | 1μl |
| 下游引物 | 1μl |
| *Taq* mix（Vazyme 产品） | 12.5μl |

2. 将 PCR 反应液分装到各个 PCR 管（50μl/管或 25μl/管）。

3. 在超净工作台中用灭菌枪头或牙签从平板上的白色单菌落上挑取少量菌体，在 PCR 反应液中轻轻吹打或抖动牙签。

4. 以不加入任何模板的 PCR 反应液作为阴性对照，以加入外源 DNA 片段作为模板的 PCR 反应液作为阳性对照。

5. 在 PCR 仪上设置反应参数。94℃预变性 2min，94℃变性 35s，50℃退火 35s，72℃延伸 1min，30 轮循环，最后一轮循环结束后，于 72℃下延伸 10min。设置热盖。

### 三、电泳

取 10μl 扩增产物用 1% 琼脂糖凝胶进行电泳分析,检查反应产物及长度。

### 四、PCR 产物的纯化

扩增的 PCR 产物如利用 T-Vector 进行克隆或用平末端或黏性末端连接,往往需要将产物纯化。

#### (一)酚/氯仿法

1. 取 PCR 反应产物,加 100μl TE 缓冲液。

2. 加等体积氯仿混匀后用台式离心机 10000r/min 离心 15s,用移液枪将上层水相吸至新的小管中。这样抽提一次,可除去覆盖在表面的矿物油(PCR 反应液中未加矿物油时该步可省略)。

3. 再用酚:氯仿:异戊醇抽提 2 次,每次回收上层水相。

4. 在水相中加 300μl 95% 乙醇,置 −20℃下 30min 沉淀。

5. 在台式离心机上 10000r/min 离心 10min,吸净上清液。加入 1ml 70% 乙醇,稍离心后,吸净上清液,重复洗涤沉淀 2 次。将沉淀溶于 7ml dd $H_2O$ 中,待用。

#### (二)割胶回收

用 AxyGEN 割胶回收试剂盒从琼脂糖凝胶中回收目的 DNA 片段,步骤如下:

1. 在紫外灯下用一锋利刀片从凝胶中割取目的片段带,测定质量(mg)。

2. 加入 3 倍胶体积(mg/μl)的 Buffer DE-A 缓冲液。

3. 悬浮均匀后于 75℃加热,每隔 2~3min 混合一次,直至凝胶块完全融化(约 6~8min)。

4. 按 Buffer DE-A 体积的 50% 加入 Buffer DE-B,混合均匀。当回收的 DNA 片段小于 500bp 时,加入 1 倍胶体积的异丙醇,混匀。

5. 将以上样品转至 DNA-prep Tube 离心柱,将离心柱置于 2ml Eppendorf 离心管上,12000r/min 离心 1min,弃滤液。

6. 用 500μl Buffer W1 洗柱,12000r/min 离心 1min,弃滤液。

7. 用 700μl 已加无水乙醇的 Buffer W2 洗柱,12000r/min 离心 1min,弃滤液,用同样的方法再用 700μl Buffer W2 洗涤 1 次。

8. 将 DNA-prep Tube 柱置于 1.5ml Eppendorf 离心管中,12000r/min 离心 1min,以彻底去除 Buffer W2。

9. 将 DNA-prep Tube 柱置于另一洁净的 1.5ml Eppendorf 离心管中,在 Silica 膜中央加 25~30μl Eluent 以溶解柱中 DNA,室温静置 1min,12000r/min 离心 1min,收集离心液即为 DNA 溶液。

### 五、注意事项

1. PCR 非常灵敏,操作应尽可能小心,不受污染。

2. 枪头、离心管应高压灭菌,每次枪头用毕应及时更换,不要互相污染试剂。

3. 加试剂前,应短暂离心 10s,然后再打开管盖,以防手套污染试剂及管壁上的试剂污染枪头侧面。

4.应设含除模板 DNA 外所有其他 PCR 成分的水阴性对照和含目的 DNA 片段的阳性对照。

5.分析 PCR 中几个常见问题的可能原因：

(1)无扩增产物：阳性对照有条带,而样品则无。可能的原因:模板含有抑制物,模板含量低;引物设计不当或发生降解;退火温度太高,延伸时间太短。

(2)非特异性扩增:PCR 扩增后出现的条带与预计的大小不一致,或者同时出现特异性扩增条带与非特异性扩增条带。可能的原因:引物特异性差;模板或引物浓度过高;酶量过多;$Mg^{2+}$ 浓度偏高;退火温度偏低;循环次数过多。

(3)假阳性:水空白对照出现目的条带。可能的原因:靶序列或扩增产物的交叉污染。

# 第四节　实时荧光定量 PCR(qPCR)技术

## 一、设备

实时荧光定量 PCR 仪,台式高速离心机,琼脂糖凝胶电泳仪,移液枪及枪头,qPCR 微孔板或 PCR 小管。

## 二、材料

动植物细胞基因组 DNA 或反转录 cDNA。

## 三、试剂

1. Vazyme ChamQ SYBR Clolor qPCR Master Mix。
2. 上下游引物:$10\mu mol/L$。

## 四、操作步骤

1.在置于冰上的 qPCR 微孔板或 PCR 小管中依次加入下列试剂(反应体系为 $10\mu l$):

| | |
|---|---|
| $2 \times$ ChamQ SYBR for qPCR Mix | $5\mu l$ |
| Primer F | $0.2\mu l$ |
| Primer R | $0.2\mu l$ |
| $50 \times$ ROX Reference Dye | $0.2\mu l$(根据所用仪器选择是否添加) |
| Template DNA/cDNA | $?\mu l$(通常不超过总体积的 1/10) |
| dd $H_2O$ | 加至 $10\mu l$ |

稍作振荡混匀后离心 30～60s。

2.加入合适的内参基因的模板 DNA 作为内参对照,以加入目的 DNA 片段作为模板作为阳性对照。

3.在 qPCR 仪上设置反应参数:95℃预变性 30s,95℃变性 10s,60℃扩增 30s,40 轮循环。

4.PCR 结束后加一个熔解程序来形成熔解曲线,判断 PCR 产物的特异性扩增。若仪器自带检测熔解曲线的程序,则选择默认即可:95℃15s,60℃60s,95℃15s。

### 五、常见问题与解决方案

1. 扩增曲线形状异常

①扩增曲线不光滑:信号太弱,经系统矫正后产生,提高模板浓度重复实验;ROX 类型使用错误,确认所用 ROX 与机型是否匹配。

②扩增曲线断裂或下滑:模板浓度较高,基线的终点值大于 CT 值。减小基线终点(CT 值－4),重新分析数据。

③个别扩增曲线突然骤降:反应管内留有气泡。处理样本时要注意离心,进行扩增反应之前要仔细检查反应管内是否有气泡残留。

2. 反应结束无扩增曲线出现

①反应循环数不够:一般设置循环数为 40,但需要注意的是过多的循环会增加过多的背景信号,降低数据可信度。

②确认程序中是否设置了信号采集步骤:两步法扩增程序一般将信号采集设置在退火延伸阶段;三步法扩增程序应当将信号采集设置在 72℃延伸阶段。

③确认引物是否降解:长时间未用的引物应先通过 PAGE 电泳检测完整性,以排除其降解的可能。

④模板浓度太低:减少稀释度重复实验,一般未知浓度的样品先从最高浓度做起。

⑤模板降解:重新制备模板,重复实验。

3. CT 值出现太晚

①扩增效率极低:优化反应条件,尝试三步法扩增程序,或者重新设计合成引物。

②模板浓度太低:减少稀释度重复实验,一般未知浓度的样品先从最高浓度做起。

③模板降解:重新制备模板,重复实验。

④PCR 产物太长:推荐 PCR 产物长度为 80~150bp。

⑤体系中存在 PCR 抑制剂:一般为模板带入,加大模板稀释倍数或者重新制备模板重复实验。

4. 阴性对照出现明显扩增

①反应体系被污染:更换新的 Mix、dd $H_2O$、引物重复实验。反应体系在超净工作台内配制,减少被气溶胶污染。

②引物二聚体的出现:配合熔解曲线进行分析。

5. 熔解曲线出现多峰

①引物设计不优:根据设计原则设计合成新的引物。

②引物浓度太高:适当降低引物浓度。

③cDNA 模板被基因组污染:重新制备 cDNA 模板。

6. 实验重复性差

①加样体积失准:使用性能较好的移液枪;将模板做高倍稀释,以大体积加入反应体系中。

②定量 PCR 仪不同位置温度控制不一致:定期校准仪器。

③模板浓度太低:模板浓度越低,重复性越差,解决方法是减少模板稀释度或提高加样体积。

# 第七章　基因组 DNA 的提取

## 第一节　概　述

DNA 贮存了生物体所有蛋白质和 RNA 的全部遗传信息,引导生物体的遗传变异和发育调控。基因组 DNA 的提取是研究不同生物的基因组结构和功能、分子标记、基因图谱制作、基因组文库构建、遗传多态性分析、基因重组、基因编辑、基因克隆及 DNA 印迹杂交分析的前提。

不同生物(植物、动物、微生物)的基因组 DNA 的提取难易程度不同。对于低等生物,如从病毒中提取 DNA 比较容易,因为多数病毒 DNA 相对分子质量较小,提取时易保持其结构完整性。而从细菌、高等动植物中提取 DNA 难度较大,在提取过程中,染色体会发生机械断裂,产生大小不同的片段,因此分离基因组 DNA 时应尽量在温和的条件下操作,如尽量减少酚/氯仿抽提、混匀过程要轻缓,以保证得到较长的 DNA。为了研究 DNA 分子在生命代谢中的作用,常常需要从同一生物的不同部位提取 DNA,由于 DNA 分子在生物体内的分布及含量不同,所以要选择适当的材料提取 DNA。在提取某种特殊组织的 DNA 时必须参照文献和经验建立相应的提取方法,以获得可用的 DNA 大分子。特别是组织中的多糖和酚类物质对之后的酶切、PCR 反应等有较强的抑制作用,因此提取富含这类物质的基因组 DNA 时,应考虑除去多糖和酚类物质。

DNA 和 RNA 都是极性化合物,一般都能溶于水或 1mol/L 氯化钠溶液中,不溶于乙醇、氯仿等有机溶剂。DNA、RNA 在酸性溶液中易水解,在中性或弱碱性溶液中较稳定。核酸的钠盐溶解度较大,RNA 钠盐溶解度可达 40g/L。DNA 在水中溶解度为 10g/L,呈黏性胶体溶液。天然状态的 DNA 是以脱氧核糖核蛋白(DNP)的形式存在的。DNP 在盐溶液中的溶解度受盐浓度的影响而不同。DNP 在低浓度盐溶液中几乎不溶解,如在 0.14mol/L 氯化钠溶液中溶解度最低,仅为在水中溶解度的 1%,随着盐浓度的增加溶解度也增加,1mol/L 氯化钠溶液中的溶解度很大,比在纯水中高 2 倍。

DNA 提取基本步骤可分为:①细胞破碎;②去除蛋白质、酚类等细胞内杂质;③纯化 DNA。DNA 提取方法主要包括浓盐法、离子去污剂法、苯酚抽提法、水抽提法及 CTAB 法,CTAB 法是目前最常用的方法。CTAB 法提取基因组的原理为:CTAB(十六烷基三甲基溴化铵)是一种阳离子表面活性剂,能溶解细胞膜和核膜蛋白,使核蛋白解聚,且 CTAB 与 DNA 可形成溶于高盐溶液的复合物,从而使 DNA 游离出来。再加入苯酚/氯仿等有机溶剂时,蛋白质变性,并使抽提液分相,经离心后 DNA 位于上层水相,细胞碎片和蛋白质位于下层有机相。吸取水相,低盐条件下 DNA 从 CTAB-DNA 复合物中析出,加入异丙醇或无水乙醇沉淀

DNA,DNA 溶解于水,即得基因组 DNA 溶液。

# 第二节 从植物组织提取基因组 DNA

## 一、设备

水浴锅、高速冷冻离心机、1μl～1ml 移液枪、研钵、研棒等。

## 二、材料

番茄、烟草、水稻等植物嫩叶。

## 三、试剂

1. 1mol/L pH 8.0 Tris·HCl:121g Tris 碱溶于 800ml dd $H_2O$,用浓盐酸调 pH 至 8.0,补 dd $H_2O$ 定容至 1000ml,高压灭菌。

**注意**:Tris 缓冲液的 pH 值随温度变化较大,每 1℃ 可引起大约 0.028pH 单位的变化。Tris 缓冲液的 pH 值应调校至待用温度下的 pH 值。

2. 0.5mol/L pH 8.0 EDTA(乙二胺四乙酸):29.22g EDTA 溶于 140ml 水中,用固体 NaOH 调 pH 至 8.0,补 dd $H_2O$ 定容至 200ml,高压灭菌。

3. CTAB 抽提液:CTAB 20g、NaCl 82g 溶于 700ml 水中,100mmol/L Tris·HCl (pH 8.0),20mmol/L EDTA(pH 8.0),补 dd $H_2O$ 定容至 1000ml,高压灭菌。

4. CTAB/NaCl(10% CTAB,0.7mol/L NaCl):CTAB 20g,NaCl 8.2g,加入 160ml dd $H_2O$,加热至 65℃ 溶解,补 dd $H_2O$ 定容至 200ml,高压灭菌。

**注意**:此溶液很黏稠,使用时需加热至 65℃。

5. 3mol/L NaAc(pH 5.2):NaAc·$3H_2O$ 81.62g 溶于 160ml dd $H_2O$ 中,用冰醋酸调 pH 至 5.2,补 dd $H_2O$ 定容至 200ml,高压灭菌。

6. 高盐 TE Buffer(pH 8.0):NaCl 58.5g,10mmol/L Tris·HCl(pH 8.0),0.1mmol/L EDTA(pH 8.0),补 dd $H_2O$ 定容至 1000ml,高压灭菌。

7. 24:1 氯仿(三氯甲烷)/异戊醇:按 24:1 的比例加入氯仿和异戊醇,如氯仿 48ml,异戊醇 2ml,置于棕色瓶中保存。

8. 75% 乙醇:无水乙醇 75ml,补灭菌去离子水定容至 100ml。

9. 其他试剂:液氮、β-巯基乙醇、异丙醇。

## 四、操作步骤

1. CTAB 抽提液 65℃ 预热,用异丙醇-20℃ 预冷。

2. 称取新鲜叶片 1g,加液氮研磨,液氮共加 3～4 次。

3. 加液氮充分研磨后,立即加入预热的 CTAB 抽提液,每克叶片加入 8ml CTAB 抽提液,再加入 160μl β-巯基乙醇[终浓度 2%(V/V)]。CTAB 抽提液稍溶化后,用研棒将 CTAB 抽提液与磨碎的样品混匀,转入 50ml 离心管。

4.65℃水浴锅温浴 1h,每 10～20min 摇动一次离心管。同时,65℃预热 CATB/NaCl。

5.加入等体积(约 8ml)24:1 的氯仿/异戊醇抽提,盖紧盖子,按紧离心管两端,上下颠倒 4～6 次。

6.离心管在天平上用氯仿/异戊醇平衡后,4℃ 10000r/min 离心 5min。

7.回收水相,将上清(约 8ml)小心地转入另一 50ml 离心管中。

8.加入 1/10 体积(800$\mu$l)、65℃预热的 CTAB/NaCl,混匀。CTAB/NaCl 较黏稠,可将枪尖剪去后吸取。

9.加入等体积(8ml)24:1 的氯仿/异戊醇二次抽提,盖紧盖子,按紧离心管两端,上下颠倒 4～6 次。

10.用氯仿/异戊醇平衡离心管后,4℃ 10000r/min 离心 5min。

11.回收水相,将上清小心地转入另一 50ml 离心管中(约 8ml)。

12.加入 1/10 体积(800$\mu$l)3mol/L NaAc,混匀。

13.加入等体积(8ml)－20℃预冷的异丙醇,混匀,－20℃放置 1h。

14.平衡后 4℃ 12000r/min 离心 15min。

15.弃上清,2ml 75％乙醇洗涤沉淀 1 次。

16.12000r/min 离心 2min,轻轻地倒出 75％乙醇,用干净的枪尖将块状 DNA 从 50ml 离心管转移至 1.5ml 离心管。

17.将 1.5ml 离心管反扣在干净的吸水纸上将乙醇吸干。

18.37℃烘干 5～10min。

19.加入 200～500$\mu$l TE 缓冲液溶解,如 DNA 难溶,可 37℃水浴数分钟。

20.加入 5$\mu$l RNAase(10$\mu$g/$\mu$l)混匀,37℃水浴消化 30min(所提 DNA 可用于 Southern blot 杂交,如仅用于 PCR 扩增,此步骤可省)。

21.取 1～5$\mu$l 在 0.8％ agarose 胶上电泳,检测 DNA 的分子大小及纯度,－20℃冰箱保存基因组 DNA。

### 五、注意事项

1.研磨时应注意防止液氮冻伤,戴上棉纱手套,再套上 PE 手套。

2.新鲜的植物嫩叶较易磨碎,加液氮 3～4 次;杂草样品特别是不新鲜的杂草样品常较难磨,加液氮 4～5 次。一般加液氮 4 次即可。

3.加液氮时动作轻柔,否则液氮会将样品冲出而造成样品损失。

4.磨样过程中,样品不能溶化,样品研磨得越细越好。

5.每换一个新样品,要换一次 PE 手套。

6.尽量取幼嫩叶片,如叶片太老,酚类物质多,必须用 β-巯基乙醇处理。

7.65℃水浴锅温浴时,离心管盖子应轻轻搭在管口,千万不能盖紧,以防加热使盖子冲出,最好离心管壁和盖子同时做好标记。

8.氯仿/异戊醇有毒,应戴上 PE 手套操作且保持室内通风。

9.用 1ml 移液枪吸取氯仿/异戊醇时,应缓吸缓放,严禁枪头朝上以防氯仿/异戊醇倒灌进枪管而腐蚀枪杆。

10.加入氯仿/异戊醇,盖紧盖子,按紧离心管两端,上下颠倒 4～6 次,松手后立即打开盖子,防止管内液体冲出。

11.用移液枪转移水相时应耐心细致,不要吸入下层杂质。

12.DNA 烘干过程中应注意观察,以 DNA 较饱满且四周见不到明显的水滴为宜,如 DNA 呈纸状贴在管壁上,则表明烘干过分,会造成 DNA 难以溶解。

# 第三节　从动物组织提取基因组 DNA

## 一、设备

1μl～1ml 移液枪、高速冷冻离心机、台式离心机、水浴锅。

## 二、材料

哺乳动物新鲜组织。

## 三、试剂

1.分离缓冲液:10mmol/L Tris・HCl(pH 7.4),10mmol/L NaCl,25mmol/L EDTA。

2.其他试剂:10% SDS,蛋白酶 K(20mg/ml 溶液或粉剂),乙醚,酚/氯仿/异戊醇(25:24:1),无水乙醇及 70%乙醇,5mol/L NaCl,3mol/L NaAc,TE 缓冲液。

## 四、操作步骤

1.切取组织 1g 左右,剔除结缔组织,用吸水纸吸干血液,剪碎(越细越好)放入预冷的研钵中。

2.倒入液氮,磨成粉末,加 12ml 分离缓冲液悬浮,转入 50ml 离心管。

3.加 1ml 10% SDS,混匀,此时样品变得很黏稠。

4.加 50μl 或 1mg 蛋白酶 K,37℃保温 1～2h,直到组织完全解体。

5.加 1ml 5mol/L NaCl,混匀,5000r/min 离心数秒钟。

6.取上清液于新离心管,加等体积酚/氯仿/异戊醇(25:24:1),混匀,抽提。待分层后,3000r/min 离心 5min。

7.取上层水相至干净离心管,加 2 倍体积乙醚抽提(在通风情况下操作)。

8.移去上层乙醚,保留下层水相。

9.加 1/10 体积 3mol/L NaAc,2 倍体积无水乙醇颠倒混合沉淀 DNA。室温下静止 10～20min,DNA 沉淀形成白色絮状物。

10.用玻棒钩出 DNA 沉淀,70%乙醇中漂洗后在吸水纸上吸干,溶解于 1ml TE 缓冲液中,-20℃保存。

11.如果 DNA 溶液中有不溶解颗粒,可 5000r/min 短暂离心,取上清。

12. 如要除去其中的 RNA,可加 5μl RNase A(10μg/μl),37℃保温 30min,用酚抽提后,按步骤 9～10 重沉淀 DNA。

# 第四节　细菌基因组 DNA 的制备

## 一、设备

1μl～1ml 移液枪,高速冷冻离心机,分光光度计,水浴锅。

## 二、材料

细菌培养物。

## 三、试剂

CTAB/NaCl 溶液,氯仿/异戊醇(24∶1),Tris 饱和酚,异丙醇,70%乙醇,无水乙醇,TE 缓冲液,10% SDS,3mol/L NaAc,蛋白酶 K(20mg/ml),5mol/L NaCl(配方),RNA 酶(20mg/ml)。

## 四、操作步骤

1. 挑取菌株的纯化菌落,用 LB 液体培养基培养至 $OD_{600}=0.8$,取 1ml 到 2ml 离心管,12000r/min 离心 1min 收集菌体。

2. 加 567μl TE(pH 8.0)缓冲液悬浮细胞,加 30μl 10% SDS 和 3μl 20mg/ml 蛋白酶 K,轻轻混匀,37℃水浴 1h。

3. 加 100μl 5mol/L NaCl 溶液混匀,加 80μl CTAB/NaCl 溶液轻轻混匀,65℃水浴 20min。

4. 800μl 氯仿/异戊醇(24∶1),混匀后 12000r/min 离心 5min。

5. 将水相转移到新的离心管,加 0.6 倍体积的异丙醇,轻轻混匀,12000r/min 离心 15min。

6. 去上清,加 1ml 无水乙醇,轻轻混匀,12000r/min 离心 5min。

7. 去上清,无菌风吹干,加 200μl TE 缓冲液溶解沉淀(可在 50℃水浴条件下助溶)。

8. 加 1μl 20mg/ml RNA 酶,37℃水浴 30min。

9. 加 200μl Tris 饱和酚,混匀,12000r/min 离心 5min。

10. 取水相,加 200μl 氯仿/异戊醇(24∶1)(V/V),混匀,12000r/min 离心 5min。

11. 取水相,加 20μl 3mol/L NaAc(pH 5.2),混匀,加 2 倍体积的无水乙醇,轻轻混匀,12000r/min 离心 15min。

12. 去上清,加 1ml 70%乙醇,混匀,12000r/min 离心 5min。

13. 去上清,无菌风吹干,加 50～100μl TE 缓冲液溶解沉淀(可在 50℃水浴条件下助溶)。

# 第五节　真菌基因组 DNA 提取

## 一、设备

$1\mu l \sim 1ml$ 移液枪,高速冷冻离心机,水浴锅。

## 二、材料

真菌菌丝培养物。

## 三、试剂

CATB 抽提液(2% CTAB),100mmol/L Tris · HCl(pH 8.0),10mmol/L EDTA(pH 8.0),0.7mol/L NaCl,氯仿/异戊醇(24∶1),70%乙醇,3mol/L NaAc 溶液。

## 四、操作步骤

1. 把 0.2～0.5g(湿重)菌丝样品放入盛有 10～20ml 液氮的研钵中,快速反复研磨,使菌丝成粉末。

2. 把菌丝粉末移入 50ml 离心管中,加入 4ml 65℃的 CTAB 抽提液,混匀,盖上盖,65℃温育 5min,每隔 10min 颠倒混匀一次。

3. 加等体积(4ml)氯仿/异戊醇(24∶1),开盖,在通风柜中放 1～2min(放气)。

4. 盖上盖,在摇床上轻轻混合 15～20min。

5. 4℃,10000r/min 离心 5min。

6. 仔细回收水(上)相于离心管中,水相再用等体积氯仿/异戊醇重复抽提、离心一次。

7. 在水相中加入等体积的异丙醇,轻轻上下颠倒混匀数次。

8. —20℃静置 15min 沉淀核酸。

9. 10000r/min,4℃,离心 10min(斜角离心)。

10. 轻轻倒出上清液,将离心管倒扣在滤纸上吸干水分,约 5min。

11. 用 $300\mu l$ 灭菌去离子水重悬沉淀。

12. 移入离心管,用 1/10 体积的 3mol/L NaAc 和 2 倍体积的无水乙醇重沉淀核酸。

13. —20℃静置 10min。13000r/min 离心 20min。

14. 弃上清,用 1ml 70%乙醇洗一次,13000r/min 室温离心 5min。

15. 弃上清,然后倒置离心管用吸水纸吸干水分,抽真空干燥 10～20min。

16. 加 $5\mu l$ 20mg/ml RNase,用 $25\sim100\mu l$ TE 缓冲液溶解 DNA(室温,几小时)。注意:此时不能摇动,以免基因组 DNA 断裂。

# 第六节　基因组 DNA 的纯度鉴定

用上述方法提取的基因组 DNA 一般可以用作 Southern blot、RFLP、PCR 等分析。由于所用材料的不同,得到的 DNA 产量及质量均不同。有时 DNA 中含有酚类和多糖类物质较多,会影响酶切和 PCR 的效果。所以获得的基因组 DNA 需要检测 DNA 的产量和质量。

基因组 DNA 纯度鉴定办法如下:

1. 测定 $OD_{260}/OD_{280}$ 比值,明确 DNA 的产量和质量。取基因组 DNA 1$\mu$l,在分光光度计上检测 $OD_{260}/OD_{280}$ 比值。核酸在 260nm 处有最大吸收峰,蛋白质在 280nm 处有最大吸收峰,盐和小分子在 230nm 处有最大吸收峰。$OD_{260}/OD_{280}$ 的值在 1.6~1.8 之间,说明提取的 DNA 纯度比较高;$OD_{260}/OD_{280}$<1.6 则说明蛋白质含量过高;$OD_{260}/OD_{280}$>2.0 则说明样品中污染 RNA 或 DNA 降解。

2. 电泳检测:取 1~5$\mu$l 在 0.8% 琼脂糖凝胶上电泳,检测 DNA 的分子大小。

# 第八章　动植物总 RNA 的提取

## 第一节　概　述

　　研究基因的表达和调控时需要从组织和细胞中分离与纯化 RNA。真核细胞的 RNA 主要由核糖体 RNA(rRNA,包括 28S rRNA、18S rRNA、5S rRNA,约占总 RNA 的 80%～85%),转运 RNA(tRNA,约占总 RNA 的 10%～15%)和信使 RNA(mRNA,约占总 RNA 的 1%～5%)组成。高纯度和完整的 RNA 是 Northern blot、cDNA 文库、RT-PCR、RT-qPCR、RNA-seq 等下游分子生物学实验所必需的。

　　由于 RNA 分子的结构特点,RNA 容易受 RNA 酶(RNase)的攻击而降解,因而 RNA 提取的关键是尽量抑制 RNA 酶的活性。在提取的第一阶段必须尽快灭活细胞的 RNA 酶,一旦细胞内源的 RNA 酶被破坏,RNA 受损的可能性就大大降低。RNA 酶是一类生物活性极其稳定的酶类,能耐高温、耐酸、耐碱,高压灭菌处理也不能使其完全失活,且其活性无须辅助因子,但蛋白质变性剂可使其暂时失活。除细胞内源的 RNA 酶外,人的皮肤、手指、汗液、唾液、实验试剂和容器,甚至环境中的灰尘均存在 RNA 酶。

　　为防止 RNA 的污染,全部实验过程中均需戴手套操作并经常更换(使用一次性手套)。所用的玻璃器皿需置于干燥烘箱中 200℃烘烤 2h 以上。凡是不能用高温烘烤的材料如塑料容器等皆可用 0.1%焦碳酸二乙酯(DEPC)水溶液在通风柜中过夜处理(DEPC 为剧毒物),灭菌后干燥待用。DEPC 是 RNA 酶的化学修饰剂,它和 RNA 酶的活性基团组氨酸的咪唑环反应而抑制酶活性。DEPC 与氨水溶液混合会产生致癌物,因而使用时需小心。试验所用试剂也可用 DEPC 处理,加 DEPC 至 0.1%处理 12h 以上,然后高压灭菌以消除残存的 DEPC(DEPC 会分解成乙醇和 $CO_2$),否则 DEPC 也能和腺嘌呤环作用而破坏 RNA 和单链 DNA。由于 DEPC 能与胺和巯基反应,因而含 Tris、DTT 的试剂不能用 DEPC 处理。Tris 溶液可用 DEPC 处理好的水配制然后高压灭菌。配制的溶液如不能高压灭菌,可用 DEPC 处理水配制,并尽可能使用未开封的试剂。所有沾染 DEPC 的液体或物品在使用、遗弃前要高温灭活处理。

　　Trizol 法是提取动植物总 RNA 最常用的方法。Trizol 试剂中的主要成分为异硫氰酸胍和苯酚,其中异硫氰酸胍是蛋白质强变性剂,可裂解细胞,促使核蛋白体的解离,并抑制 RNA 酶的活性;而苯酚也可使核酸与蛋白质解聚,变性蛋白质并抑制 RNA 酶活力。当加入氯仿时,它可抽提酸性的苯酚,而酸性苯酚可促使 RNA 进入水相,而 DNA 会进入酸性苯酚中。离心后可形成水相层和有机层,这样 RNA 与仍留在有机相中的蛋白质和 DNA 分离开。用异丙醇沉淀回收 RNA,即得总 RNA。

　　公司研发的总 RNA 提取试剂盒可快速有效地提取到高质量的总 RNA。分离的总 RNA

可利用 mRNA 3′末端含有 Poly(A)尾巴的特点,当 RNA 流经 Oligo(dT)纤维素柱时,在高盐缓冲液作用下 mRNA 被特异地吸附在 Oligo(dT)纤维素柱上,然后逐渐降低盐浓度洗脱,在低盐溶液或蒸馏水中 mRNA 被洗下。经过两次 Oligo(dT)纤维素柱,得到较纯的 mRNA。

# 第二节　设备、材料及试剂

## 一、设备

冷冻台式高速离心机,低温冰箱,冷冻真空干燥器,Nanodrop 紫外分光仪,电泳仪,电泳槽,1μl~1ml 移液枪,研钵,研棒,RNase-free 枪头,RNase-free 离心管等。

## 二、材料

水稻、烟草等植物叶片或动物组织。

## 三、试剂

1. 液氮、Trizol、氯仿、异丙醇。

2. 无 RNA 酶灭菌水:用经高温烘烤的玻璃瓶(200℃高温烘烤 2h)装蒸馏水,然后加入 0.1% DEPC,处理过夜后高压灭菌。

3. 75%乙醇:用 DEPC 处理水配制 75%乙醇,用高温灭菌器皿配制,然后装入经高温烘烤的玻璃瓶中,存放于低温冰箱中。

# 第三节　实验操作

## 一、Trizol 法提取动植物总 RNA 的基本步骤

1. 剪取动植物组织 0.1g,放在液氮中磨成粉末。将粉末转入离心管中,加 1ml Trizol 液,按住管盖用力摇动使其匀浆,室温下放置 5min,使其充分裂解(−80℃可保存几个月)。

2. 加入 200μl 氯仿,盖紧离心管,按住管盖剧烈摇荡 15s,于室温放置 2~3min。

3. 4℃,12000r/min 离心 15min,取上清液于一新离心管中,若蛋白含量过高,可重复步骤 2。加入 600μl 异丙醇(与上清等体积),颠倒数次混匀;室温放置 10min。

4. 4℃,12000r/min 离心 10min,去上清。

5. 加 1ml 75%酒精轻洗 RNA 沉淀,4℃,8000r/min 离心 5min,重复洗涤 1 次,若盐含量过高,可再重复一次。

6. 去上清,室温或真空干燥 10min。

7. 溶解在 20~30μl DEPC 处理的水中,可进行 RT-PCR、RNA-seq、mRNA 分离或直接用于 Northern blot 分析。RNA 保存于−70℃。

### 二、注意事项

1. 注意样品总体积不能超过所用 Trizol 体积的 10%，即 1ml Trizol 提的组织不能超过 100mg。

2. DEPC 为剧毒物，应小心地在通风柜中使用。

3. RNA 沉淀不要干燥过分，否则会降低 RNA 溶解度。

4. 在 RNA 溶于 DEPC 水时，可 55～60℃水浴 5min 后置冰上溶解 30min，也可反复冻融助溶。

5. 加氯仿前的匀浆液可在−80℃保存一个月以上，RNA 沉淀在 70%乙醇中可在 4℃保存一周，−20℃保存一年。

6. 整个操作要戴口罩及一次性手套，尽量少说话，并尽可能在低温下快速操作。

### 三、如何处理 RNA 中的 DNA

在 RNA 抽提操作中，一般会有少量 DNA 的污染，对大部分下游实验没有大的影响（除 RT-PCR）。降低样品起始量或者增加溶液使用量，能将 DNA 的污染降低到电泳看不见的水平。残留的 DNA 是否影响后续实验，可以用下面的实验检测：

1. 以抽提好的 RNA 做模板进行 PCR 扩增：如果不出现目的条带，DNA 的残留无须去除。

2. 若出现目的条带，要使用 DNase Ⅰ消化。用 RNase-free 的 DNase Ⅰ消化抽提的 RNA，可以彻底去除 RNA 中污染的 DNA。

Dnase 消化反应体系：

| | |
|---|---|
| Total RNA | 5～10$\mu$l |
| RNase-free DNase 10×Buffer | 2$\mu$l |
| RNase-free DNase | 1U/$\mu$g RNA |
| DEPC $H_2O$ | ? $\mu$l |
| 总体积 | 20$\mu$l |

混匀后离心甩一下，37℃消化反应 0.5h。加入 1$\mu$l 终止液，65℃ 10min 失活 DNase。

### 四、RNA 纯度鉴定

1. 紫外分光光度计测定 RNA 的 $OD_{260}$ 和 $OD_{280}$ 值，以确定 RNA 的质量和含量。

OD 值检测 RNA 的质量方法如下：

理想的 RNA $OD_{260}/OD_{280}$ 为 1.8～2.0。若 $OD_{260}/OD_{280} \leqslant 1.8$，可能有蛋白污染，可以通过减少组织和细胞的用量来减少蛋白的量；若 $OD_{260}/OD_{230} \geqslant 2.2$，则表示盐分超标或 RNA 发生降解。

另外，根据 RNA 的 $OD_{260}$ 值可以计算 RNA 的浓度，计算公式为 RNA 浓度＝$OD_{260} \times 40 \times$ 稀释倍数 $\times 10^{-3}$（$\mu$g/$\mu$l）。目前多用 Nanodrop 紫外分光仪直接读取浓度。

2. RNA 甲醛琼脂糖凝胶变性电泳，检测 RNA 的完整性。

一般取 1$\mu$l RNA 进行甲醛琼脂糖凝胶变性电泳，具体步骤见"电泳"章节。电泳主要是检测 28S 和 18S 条带的完整性和它们的比值。如果 28S 和 18S 条带明亮、清晰、条带锐利（指条带的边缘清晰),并且 28S 的亮度在 18S 条带的两倍以上,我们认为 RNA 的质量为好;若 28S 和 18S 条带的亮度相当,对大部分实验也是可以接受的。

## 第四节　多酚多糖植物总 RNA 的二氧化硅吸附提取方法

### 一、设备

冷冻台式高速离心机,低温冰箱,冷冻真空干燥器,紫外检测仪,电泳仪,电泳槽,$1\mu l \sim 1ml$ 移液枪,研钵,研棒。

### 二、材料

苹果等多酚多糖的植物叶片组织。

### 三、试剂

以下试剂均用无核酶的去离子水或用焦磷酸二乙酯(DEPC)处理的去离子水进行配制。

1. 10%二氧化硅悬浮液:称取 20g $SiO_2$ 微粒,加入 200ml 去离子水中,摇匀,沉淀一昼夜;倒掉上清,加去离子水至 200ml,摇匀,沉淀 5h;倒掉 176ml 上清,留下 24ml 粉浆用盐酸调 pH 至 2.0;高压灭菌后分装于 1.5ml 离心管,4℃保存。

2. 2%偏重亚硫酸钠:1g 偏重亚硫酸钠溶于 50ml 去离子水中,搅拌均匀,高压灭菌后 4℃ 保存。

3. 10%十二烷基肌氨酸钠:5g 十二烷基肌氨酸钠溶于 50ml 去离子水中,搅拌均匀,高压灭菌后 4℃保存。

4. 6mol/L 碘化钠溶液:90g 碘化钠溶于 100ml 去离子水中,搅拌均匀,高压灭菌后 4℃保存。

5. 研磨缓冲液:23.6g 异硫氰酸胍,0.82g 乙酸钠,0.37g EDTA,4.9g 乙酸钾,1.25g PVP-K30 溶于 50ml 去离子水中,搅拌混匀,高压灭菌,冷却后 4℃保存。使用前加入适量 2% 偏重亚硫酸钠。

6. 清洗缓冲液:0.30g Tris 碱溶于 125ml 去离子水中,用盐酸调 pH 至 7.5,称取 0.04g EDTA,0.73g NaCl 加入以上 Tris·HCl 中,加入无水乙醇 125ml,定容至 250ml,4℃保存。

### 四、操作步骤

1. 用液氮预冷研钵,取约 0.1g 植物组织(叶片、韧皮部或果皮)放于研钵中,液氮中研磨,将研磨后的粉末转入 1.5ml 离心管中。

2. 向离心管中加入 1ml 研磨缓冲液和 $100\mu l$ 2%偏重亚硫酸钠,振荡混匀。

3. 短暂离心,取 $800\mu l$ 匀浆转入事先加入 $150\mu l$ 10%十二烷基肌氨酸钠的离心管中,70℃ 保温 10min(中间颠倒混匀 3~4 次),冰上放置 5min,12000 ×g 离心 10min。

4. 取上清转入含有 $150\mu l$ 无水乙醇、$300\mu l$ 6mol/L 碘化钠、$30\mu l$ 10%二氧化硅悬浮液 (pH 2.0)的离心管中,室温振荡 20min。

5.6000r/min 离心 1min,弃上清,加入 500$\mu$l 清洗缓冲液振荡悬浮沉淀,6000r/min 离心 1min。

6.重复步骤 5 1～2 次。

7.将离心管反扣在纸巾上,用枪头吸掉管中残余的上清,室温下自然干燥 3～5min,加入 80$\mu$l 无核酶的去离子水,振荡悬浮,70℃保温 4min。

8.13000r/min 离心 3min,吸取上清 60$\mu$l,用于合成 cDNA 或保存于－80℃超低温冰箱。

# 第九章　RT-PCR 技术

## 第一节　概　述

反转录 PCR(reverse transcription PCR,RT-PCR)是一种从 RNA 反转录成互补 cDNA，再以此为模板通过 PCR 进行 DNA 扩增的方法。它是一种将 RNA 反转录(reverse transcription,RT)成 cDNA 与 cDNA 的聚合酶链反应(PCR)相结合，分析基因表达的快速灵敏技术。首先，以 RNA 为模板，在反转录酶的作用下，合成互补的 DNA 链(cDNA)，再以 cDNA 为模板，通过 PCR 扩增合成目的片段。RT-PCR 技术灵敏而且用途广泛，可用于检测细胞中基因表达水平，细胞中 RNA 病毒的含量和直接克隆特定基因的 cDNA 序列、分析基因的转录产物、合成 cDNA 探针、构建 RNA 高效转录系统等。反转录反应中作为模板的 RNA 样品可以是总 RNA、mRNA 或体外转录的 RNA 产物，但要确保 RNA 中无 RNA 酶、基因组 DNA 和蛋白质的污染。在可获得的 mRNA 丰度低或目的基因表达水平很低时尤其适用 RT-PCR 方法来分析。

目前，应用最广泛的反转录酶(reverse transcriptase,RTase)有禽类成髓细胞白血病病毒(avian myeloblastosis virus, AMV)反转录酶(AMV RT)、莫洛尼鼠白血病病毒(Moloney murine leukemia virus, MMLV)反转录酶(MMLV RT)及其改造重组体 MMLV(RNase H⁻)。AMV 反转录酶由两条肽链组成，具有依赖于 RNA 及 DNA 的 DNA 合成活性和对 DNA：RNA 杂交体的 RNA 部分进行内切降解的 RNase H 活性；最适温度为 42℃，最适 pH 为 8.3。MMLV 反转录酶由一条肽链组成，具有依赖于 RNA 及 DNA 的 DNA 合成活性和较弱的 RNase H 活性；在 42℃下很快失活，最适温度为 37℃，最适 pH 为 7.6。AMV RT 具有反转录活性高、最适反应温度较高(41～50℃)的特点，可以较好地克服由于模板 RNA 二级结构造成的反转录困难问题，然而由于 AMV RT 的 RNase H 活性高，易降解 cDNA-RNA 复合物中的 RNA 链，导致合成的 cDNA 片段偏短，一般为 1kb 左右。MMLV RT 的 RNase H 活性较低，合成的 cDNA 可达 3～4kb，比较适宜全长 cDNA 的合成。但 MMLV RT 扩增效率较低，最适反应温度在 37℃左右，故对于具有复杂二级结构的 RNA 模板反转录效果不佳。经过定点突变的 MMLV RT(RNase H⁻)，基本上消除了 RNase H 酶活性，并将酶的最适反应温度提高到 42℃，大大提高了 cDNA 链的延伸性和产率，更适合于完整基因的获得。目前许多公司可提供 AMV 或 MMLV-cDNA 合成试剂盒。

RT-PCR 中，常用的引物有 Oligo(dT)、随机引物(random hexamer)和基因特异性引物(gene-specific primer)。Oligo(dT)引物能与 mRNA 的 Poly(A)尾巴结合，适用于具有 Poly(A)尾巴的真核生物 mRNA，对无 Poly(A)尾巴的原核生物的 RNA，真核生物的 rRNA、tRNA 以及某些种类的真核生物的 mRNA 不适用。由于 Oligo(dT)要结合到 Poly(A)尾巴上，所以对

RNA 模板的质量要求很高,即使模板有少量降解也会影响全长 cDNA 的合成量。随机引物适用于任何类型的 RNA 模板,可适用于长的或具有发夹结构的 RNA,适用于 rRNA、mRNA、tRNA 等所有 RNA 的反转录反应,但由于特异性低,主要用于单一模板的 RT-PCR 反应。基因特异性引物是根据模板序列设计的互补引物,特异性好,但仅适用于目的序列已知的情况。若用随机引物和 Oligo(dT)引物进行 RT-PCR,理论上将会扩增出所有的 cDNA,因此还需用特异性引物进行进一步扩增。对于短的不具有发夹结构的真核细胞 mRNA,三种引物都可采用。

RT-PCR 包括一步法和两步法 RT-PCR。一步法 RT-PCR 是利用同一缓冲液,在同一体系中加入反转录酶、引物、$Taq$ 酶、4 种 dNTP,直接进行 mRNA 反转录与 PCR 扩增。$Taq$ 酶不仅具有 DNA 多聚酶的作用,而且具有反转录酶活性,可利用其双重作用在同一体系中直接以 mRNA 为模板进行反转录和其后 PCR 扩增,从而使 mRNA 的 PCR 步骤更为简化,所需样品量减少到最低限度。理论上一步法 RT-PCR 可检测出总 RNA 中小于 1ng 的低丰度 mRNA,该法可用于低丰度 mRNA 的 cDNA 文库的构建及特异 cDNA 的克隆。

由于一步法 RT-PCR 中 RT 和 PCR 都不能在最佳条件下进行,并且容易相互干扰,只在特异引物扩增较短的基因及定量 PCR 时适用。两步法 RT-PCR 则是将 RT 和 PCR 分别进行,这样使得两个反应充分发挥各自的特点,更为灵活而且严谨,适合 GC 含量高、二级结构程度高的模板或者是未知模板,以及多个基因 RT-PCR。

Toyobo One Step RT-PCR Kit 一步法 RT-PCR 采用的是来源于 *Thermus thermophilus* HB8 菌株的重组型耐热性 DNA 聚合酶(rTth DNA polymerase),其在 2 价锰离子($Mn^{2+}$)存在下具有强反转录活性,能够在特定条件下进行 RT 反应并进行 PCR 扩增,但其保真度不高(体系中未使用 $Mg^{2+}$),不建议用于基因克隆,但可以用于 RNA 病毒的检测。也有其他保真度更高的一步法 RT-PCR 试剂盒,其采用的是更耐热的反转录酶和热启动高保真 DNA 聚合酶的组合,在同一种缓冲液中控制反应条件来实现一步法 RT-PCR,但价格更贵,如 Invitrogen 公司的 SuperScript Ⅳ One-Step RT-PCR Kit。对提取的 RNA 样品进行 DNase 消化基因组 DNA,能提高检测效果。

下面详细介绍两步法 RT-PCR 和一步法 RT-PCR。

# 第二节　两步法 RT-PCR

## 一、设备

$1\mu l \sim 1ml$ 移液枪、冷冻离心机、DNA 扩增仪、电泳槽及电泳仪、制冰机、水浴锅。

## 二、材料

不同来源的模板 RNA。

## 三、试剂

1.10×PCR 缓冲液(含 25mmol/L $Mg^{2+}$)。

2.5×MMLV 缓冲液。

3. 4 种 dNTP 混合物:每种 10mmol/L。

4. 上游引物和下游引物:10μmol/L。

5. MMLV 反转录酶(200U/μl)。

6. RNA 酶抑制剂(20U/μl)。

7. *Taq* DNA 聚合酶(5U/μl)。

8. DEPC 水。

9. 琼脂糖。

### 四、操作步骤

1. DEPC 处理的离心管中加入:RNA 0.1~5μg,下游引物 1μl,DEPC 水至总体积 12μl,轻轻混匀,稍离心。

2. 65℃水浴 5min(RNA 的发夹结构变线性),立即置于冰上 5min,防止 RNA 退火再恢复二级结构。

3. 离心管置于冰上,依次加入 5×MMLV 缓冲液 4μl,RNA 酶抑制剂(20U/μl)1μl,10mmol/L dNTP 2μl,MMLV 反转录酶(200U/μl)1μl(终体积为 20μl),轻轻混匀,稍离心。

4. 42℃反转录 1h。

5. 70℃ 5min 灭活反转录酶。

6. 取 1~2μl cDNA 作为模板,进行常规 PCR 反应。

7. 取一 0.5ml PCR 薄壁管,依次加入以下试剂:

| | |
|---|---|
| 模板 cDNA | 2μl |
| 10×PCR 缓冲液(含 Mg$^{2+}$) | 5μl |
| dNTP 混合物,10mmol/L | 1μl |
| 上游引物,10μmol/L | 2μl |
| 下游引物,10μmol/L | 2μl |
| *Taq* plus polymerse | 0.5μl |
| dd H$_2$O | 至终体积为50μl |

8. PCR 反应参数:

94℃预变性 2min 后开始以下循环反应:

94℃变性 30s

45~55℃退火 35s

72℃延伸 1min

30 个循环后 72℃继续延伸 10min,16℃冷却。

9. 取 10μl 扩增产物,采用 1.0%琼脂糖凝胶电泳,分析 PCR 产物的产量、特异性及长度。

### 五、注意事项

1. RNA 模板的纯度:作为模板的 RNA 分子必须是高纯度的,并且不含 DNA、蛋白质和其他杂质。RNA 中即使含有最微量的 DNA,经扩增后也会出现非特异性扩增;蛋白质若未去干净,与 RNA 结合后会影响反转录和 PCR;另外,残留的 RNase 极易将模板 RNA 降解掉。

2. PCR 条件设定:退火温度可根据引物适当地提高或降低(45~60℃);延伸时间根据目

的序列长度而调整。cDNA 量较少时,循环次数可增加为 40 次。

3. 使用酶类时,应轻轻混匀,避免起泡;分取前要小心地离心聚集到反应管底部;由于酶保存液中含有 50％的甘油,黏度高,分取时应慢慢吸取。酶制品应在临用时才从−20℃中取出,使用后立即放回−20℃中保存。

4. 设计 RT-PCR 实验方案时,应至少包括阴性对照。阴性对照是指样品在 RT-PCR 时不加反转录所必需的试剂,不经 RT 而直接进行 PCR 反应。如果电泳中检测到条带,说明起始的 RNA 模板中污染有 DNA,则 RNA 模板需用 DNase 消化。理想的阳性对照由一种已知量的合成 RNA 体外反转录为一种克隆化的未发生突变的靶 DNA 的一个片段组成,这种精准的阳性对照需要相当大的工作量,研究者往往忽略。

# 第三节　一步法 RT-PCR

## 一、设备

$1\mu l\sim 1ml$ 移液枪,冷冻离心机,DNA 扩增仪,电泳槽及电泳仪,制冰机,水浴锅。

## 二、材料

不同来源的模板 RNA,如提取的 Total RNA。

## 三、试剂

1. Toyobo One Step RT-PCR Kit 或 Invitrogen 公司的 SuperScript™ Ⅳ One-Step RT-PCR Kit。

2. 上游引物:$10\mu mol/L$。

3. 下游引物:$10\mu mol/L$。

4. DEPC 水。

5. 琼脂糖。

## 四、操作步骤

### (一)Toyobo 公司的一步法 RT-PCR

1. 在 RNase-free 的 PCR 管中配制如下体系(Toyobo One Step RT-PCR Kit):

| | |
|---|---|
| $2\times$RT-PCR Master Mix | $25\mu l$ |
| 上游引物 | $1\mu l$ |
| 下游引物 | $1\mu l$ |
| 50mol/L Mn(OAc)$_2$ | $2.5\mu l$ |
| Total RNA | $1\mu l(<1\mu g)$ |

加 DEPC 水至终体积为 $50\mu l$。

2. 手指轻弹管底混匀后离心甩一下,在 PCR 仪中运行如下程序:

90℃ RNA 变性 30s,60℃反转录 30min,94℃预变性 1min 后开始以下循环反应:94℃变性 30s,50～70℃(Tm－5)退火 30s,72℃延伸 1min(30s/1kb)。

30～40 个循环后 72℃继续延伸 5min,4℃冷却。

3. 取 10μl 扩增产物,采用 1.0%琼脂糖凝胶电泳,分析 PCR 产物的产量、特异性及长度。

**(二)Invitrogen 公司的一步法 RT-PCR**

1. 在 RNase-free 的 PCR 管中配制如下体系( Invitrogen 公司的 SuperScript™ Ⅳ One-Step RT-PCR):

| | |
|---|---|
| 2×RT-PCR Master Mix | 25μl |
| 上游引物 | 2μl |
| 下游引物 | 2μl |
| SuperScript RT Mix | 0.5μl |
| Total RNA | 1μl(<1μg) |

加 DEPC 水至终体积为 50μl。

2. 手指轻弹管底混匀后离心甩一下,在 PCR 仪中运行如下程序:

45～60℃反转录 10min,98℃反转录酶灭活/预变性 2min 后开始以下循环反应:

98℃变性 10s,50～72℃(Tm－5)退火 10s,72℃延伸 1min(30s/1kb)。

30～40 个循环后 72℃继续延伸 5min,4℃冷却。

3. 取 10μl 扩增产物,采用 1.0%琼脂糖凝胶电泳,分析 PCR 产物的产量、特异性及长度。

# 第十章　蛋白质的 SDS-PAGE 电泳及 Western blot 分析

## 第一节　概　述

基因操作过程中经克隆的基因若想进一步研究其功能及所翻译蛋白质的生物活性等,则常要进行蛋白质 SDS-PAGE 电泳及 Western blot 分析。通过这两种技术能解决如下问题:到底样品有多少蛋白质存在? 蛋白质的纯度如何? 蛋白质由多少亚基组成? 如何分离目的蛋白质? 目的蛋白质是否表达及其表达丰度怎样?

结合 SDS-PAGE 电泳分离的分析结果,对于由单一亚基组成的蛋白质,变性条件下单向凝胶电泳的单一条带可表明蛋白质的纯度,如果是由多个不同亚基组成的蛋白质,其纯度可由非变性条件下凝胶电泳的单一条带来反映。一旦蛋白质的纯度被确证,就可以通过与标准蛋白质比较来估计相对分子质量,测定它的亚基成分大小。

蛋白质的聚丙烯酰胺凝胶电泳是蛋白质分析过程中最常用的技术,通常在电泳分离时,其迁移率主要取决于蛋白质本身所带的电荷多少、相对分子质量大小和形态。但如在凝胶中加入阴离子去污剂 SDS,SDS 将蛋白质的二硫键、氢键及疏水键打开,使蛋白质变性,且 SDS 将包裹在变性蛋白质表面,使蛋白质成为刚性分子;同时,由于 SDS 带有大量负电荷,使蛋白质本身带有的电荷可忽略。因此,不同蛋白质分子的迁移率主要决定于蛋白质分子的大小,即利用 SDS-PAGE 可测定蛋白质的相对分子质量。

近年来,SDS-梯度凝胶电泳被开发使用。SDS-梯度凝胶电泳是使所制备的电泳凝胶形成从大到小的孔隙梯度,使得样品中各组分在电泳过程中穿过孔径逐渐减小的凝胶,得到更好分离效果。如所要分离的样品相对分子质量范围跨度较大时推荐使用梯度凝胶,能够保证相对分子质量较大的样品较好地分离的同时相对分子质量小的样品不跑出胶底。梯度凝胶分离范围比单浓度凝胶宽,并且可以同时分离相对分子质量范围更大的蛋白质,区分相对分子质量差异较小且不能在单一浓度凝胶中分辨的蛋白质。丙烯酰胺的浓度从凝胶的顶部到底部逐渐进行变化,如顶部凝胶浓度通常为 5%,底部凝胶浓度可以达到约 25%。电泳过程与常规 SDS-PAGE 电泳相似,其电泳缓冲液多用 $1 \times$ MOPS(Tris base 6.06g、MOPS 10.46g、SDS 1g 和 EDTA 0.3g 溶解到 1L 去离子水中,调 pH 至 7.3)。目前有商品化的 SDS-梯度凝胶,如金斯瑞公司的 SDS-梯度凝胶预制胶等。

Western blot 是 20 世纪 70 年代末和 80 年代初,在蛋白质凝胶电泳和固相免疫测定的基础上发展起来的一种广泛应用于蛋白质检测的分子生物学技术。它是将蛋白质凝胶电泳、印迹、免疫测定融为一体的特异性蛋白质检测手段,与 Southern blot、Northern blot 杂交方法类似,但 Western blot 的被检测对象是蛋白质,"探针"是抗体,它具有直观、特异、灵敏(可达 pg 级)的优点,并可进行蛋白质的定性及半定量分析。

Western blot 实验原理:蛋白质混合样品经 SDS-PAGE 电泳后使蛋白质按分子大小分离,将分离的各蛋白质条带(其中含有待检测的目的蛋白)原位转移到固相载体硝酸纤维素膜(nitrocellulose membrane,NC 膜)或聚偏二氟乙烯膜(polyvinylidene fluoride,PVDF 膜)上,用含无关蛋白质封闭液(如 1‰ BSA)封闭膜的空位点,加入抗目的蛋白的抗体(即一抗)时,膜上的目的蛋白与一抗发生特异性免疫结合反应,再加入能与一抗发生免疫结合反应的酶标记二抗(即酶标抗抗体),最后通过二抗上标记酶的酶促反应进行目的蛋白的检测分析,即根据底物显色的有无及深浅或发光有无及强弱来探测膜上印迹蛋白抗原的存在与否及含量多少,从而进行定性、半定量检测目的蛋白。

蛋白质从凝胶原位转印至膜有两种方法,即湿转印法和半干转印法。湿转印法和半干转印法是两种不同的转移装置下的转移系统,将滤纸-凝胶-膜-滤纸整个组合完全浸入有铂丝电极的转移缓冲液中的蛋白原位电转移体系,叫湿转印法,也叫湿转法、槽式转移印迹法;将因吸入转移缓冲液而湿润的凝胶-膜放在吸有转移缓冲液的滤纸之间,即滤纸-凝胶-膜-滤纸组合置于 2 个平板电极之间进行蛋白原位电转移的方法叫半干转印法。

这两种转印装置均已商品化,效果均很好,但不同实验室会偏爱其中之一。半干转印法由于两个电极之间的距离十分靠近,所形成的高电场加快了蛋白质转移的速度,对缓冲液的需要量少,缺点是难以冷却而有可能发生烧胶,对大蛋白质或疏水蛋白质的转移效果不佳。湿转法更适合蛋白质的转膜,尤其适用于相对分子质量大于 100000 的大蛋白质或疏水蛋白质等较长时间的转移,缺点是缓冲液用量大,转膜时间长。

硝酸纤维素膜(NC 膜)的预处理:转移缓冲液中浸泡膜 3~5min。硝酸纤维素膜是蛋白质印迹实验的标准固相支持物。在低离子转移缓冲液的环境下,带负电荷的蛋白质会与硝酸纤维素膜发生疏水作用而高亲和力地结合在一起。NC 膜最重要的指标是单位面积上能够结合的蛋白质的量,而硝酸纤维素膜的结合能力主要与膜的硝酸纤维素纯度有关,蛋白质结合量可达 $80~150\mu g/cm^2$。硝酸纤维素膜很脆、易破。聚偏二氟乙烯膜(PVDF 膜)的预处理:在甲醇中浸泡 PVDF 膜 30s 以上以湿润膜,然后在转移缓冲液中浸泡 3~5min 以除去甲醇。PVDF 是疏水性的,在转膜缓冲液中很难湿润,而用甲醇处理后使其易湿润,且甲醇处理能活化 PVDF 膜上的正电基团,使它更容易与带负电荷的蛋白质结合。PVDF 膜是一种高强度、耐腐蚀的物质,PVDF 膜除结合蛋白质外还可以结合多肽,最初是将它用于蛋白质的序列测定。虽然 PDVF 膜结合蛋白质的效率没有硝酸纤维素膜高,但由于它具有稳定、耐腐蚀性而使之成为蛋白质测序的理想膜。硝酸纤维素膜是通过疏水作用与蛋白质结合,而 PVDF 膜主要通过膜上正电荷与蛋白质的负电荷结合,同时也有疏水作用,因而 PVDF 膜与蛋白质结合较牢固,不易脱落。

根据被转移的蛋白质相对分子质量大小,选择不同孔径的转印膜,因为随着膜孔径的不断减小,膜对低相对分子质量蛋白质的结合就越牢固。但是膜孔径如果小于 $0.1\mu m$,蛋白质的转印就很难进行。因此,通常用 $0.45\mu m$ 和 $0.2\mu m$ 两种规格的 NC 膜和 PVDF 膜。相对分子质量大于 20000 的蛋白质就可以用 $0.45\mu m$ 的膜,小于 20000 的蛋白质最好用 $0.2\mu m$ 的膜,如果用 $0.45\mu m$ 的膜转膜时可能会发生蛋白质转移到膜反面,即发生穿膜现象。但一般用 $0.45\mu m$ 孔径的 NC 膜,小蛋白质可以通过缩短转膜时间来控制穿膜现象。

通过对硝酸纤维素膜染色可以了解转印至膜上的总蛋白质的组成情况,并可确定蛋白质相对分子质量 Marker 的位置和确定转印是否成功。丽春红 S 带负电荷,既可以与带正电荷的氨基酸残基结合,也可以与蛋白质的非极性区相结合,从而形成红色条带。丽春红 S 与蛋白质的结合是可逆的,红色染料易被洗脱。

Western blot 实验所需酶标二抗的酶及其底物如下:

辣根过氧化物酶(HRP)来源于植物,用于动物性样品的检测,目的是消除样品中内源性酶的干扰,降低背景。

HRP 的底物显色液:

1.4-氯-1-萘酚溶液:6mg 4-氯-1-萘酚先溶于 2ml 无水乙醇,加 10ml 0.02mol/L PBS (pH 7.4),加 7μl 30% $H_2O_2$。

2.3,3′-二氨基联苯胺盐酸盐(DAB)溶液:25mg DAB,50ml 0.05mol/L TB(pH 7.6),18μl 30% $H_2O_2$。

3.3,3′,5,5′-四甲基联苯胺(TMB)Western blot 显色底物:Promega 公司产品。

碱性磷酸酯酶(AP)来源于动物牛小肠,目前也有细菌表达的产物,用于植物性样品的检测,目的是消除样品中内源性酶的干扰,降低背景。

AP 的底物:氮蓝四唑和 5-溴-4-氯吲哚磷酸(NBT 和 BCIP)。储备液浓度均为 50mg/ml,将 NBT 溶于 70%二甲基甲酰胺中,BCIP 溶于 100%二甲基甲酰胺中(已商品化)。10ml 显色缓冲液(100mmol/L Tris · HCl,100mmol/L NaCl,5mmol/L $MgCl_2$,pH 9.5)中加入上述 66μl NBT 和 33μl BCIP 储备液。

ECL 化学发光试剂盒使用化学发光系统进行 Western blot 实验的蛋白质检测,其检测灵敏度非常高,背景极低。其底物是一种高灵敏度增强型底物,用于检测免疫印迹中的辣根过氧化物酶,这种底物能产生强烈的发光信号,可检测到 fg 数量级的蛋白质。此外,需要充分稀释一抗和二抗,抗体供给不足对实验是有益的。检测灵敏度超过上述化学生色底物 100 倍以上。本发光系统完全适用于硝酸纤维素膜和专用 ECL 发光底物的 PVDF 膜,可以在胶片上重复多次曝光膜以得到最佳结果,现有专门的仪器可感光记录结果。碱性磷酸酯酶的 Western blot 发光底物有 1,2-二氧环己烷衍生物(AMPPD)和 CSPD,这两种底物均已商品化。

# 第二节　设备、材料及试剂

## 一、设备

蛋白质电泳仪,水平摇床,蛋白质半干转移仪或蛋白质槽式转移仪,X 光胶片,塑料薄膜,暗盒及暗室,或直接感光成像的感光仪器,如 GE 公司的 Imagequant LAS4000 mini 仪等。

## 二、材料

待分析的蛋白质样品及其阳性对照和阴性对照,蛋白质相对分子质量 Marker,NC 膜或 PVDF 膜。

## 三、试剂

1.30%丙烯酰胺和甲叉双丙烯酰胺单体储备液(Acr 和 Bis):称取 30g 丙烯酰胺,0.8g 甲叉双丙烯酰胺,加去离子水至 100ml,过滤后储存于棕色瓶中,于 4℃保存。

2. 4×分离胶缓冲液:称取 18.17g Tris,加入 10% SDS 4ml,用浓盐酸调 pH 至 8.8,定容至 100ml。

3. 4×浓缩胶缓冲液:称取 6.06g Tris,加入 10% SDS 4ml,用浓盐酸调 pH 至 6.8,定容至 100ml。

4. 10%过硫酸铵:称取过硫酸铵 0.1g 于 1.5ml 离心管中,加去离子水至 1ml。使用期不超过一周。

5. 10×电泳缓冲液:称取 30g Tris,144g 甘氨酸,加入 10% SDS 100ml,定容至 1000ml。

6. 2×上样缓冲液:称取 2g 蔗糖(或甘油 2ml),加入 10% SDS 2ml,0.25mg 溴酚蓝,2.5ml 浓缩胶缓冲液,0.5ml β-巯基乙醇,加去离子水定容至 10ml。

5×上样缓冲液:0.225mol/L Tris • HCl(pH 6.8),50%甘油,5% SDS,0.05%溴酚蓝,0.25mol/L DTT(DL-dithiothreitol,二硫苏糖醇)。

7. 染色液:称取 2.5g 考马斯亮蓝 R-250,加入甲醇 450ml,冰醋酸 100ml,去离子水 650ml。

8. 脱色液:无水乙醇 300ml,冰醋酸 100ml,去离子水 600ml。

9. NC 膜或 PVDF 膜。

10. 第一抗体:根据研究的目标自制,应预先测定其效价。常用的为兔源抗体或鼠源抗体。

11. 碱性磷酸酶标记的第二抗体(工作浓度 1:5000),根据使用的第一抗体选择,如第一抗体为兔抗体,则可使用羊抗兔抗体,若为鼠抗体,则可使用羊抗鼠抗体,也可选用其他抗兔或抗鼠的抗体。

12. Western blot 转移缓冲液:48mmol/L Tris • HCl,20%甲醇,39mmol/L 甘氨酸,0.037% SDS,pH 8.3。

13. TBS 缓冲液:20mmol/L Tris • HCl,150mmol/L NaCl,pH 7.5(TBS 可以用 10mmol/L PBS,pH 7.4 代替)。

14. TBST 缓冲液,TBS 缓冲液加 0.05%吐温-20(V/V)。

15. 封闭缓冲液:100ml PBST 缓冲液中加 5g 脱脂奶粉。

16. AP 酶显色缓冲液:100mmol/L Tris • HCl,100mmol/L NaCl,5mmol/L $MgCl_2$,pH 9.5。

17. NBT 和 BCIP 储备液各 50mg/ml,Promega 公司产品或自配。

18. ECL 化学发光试剂(商品化):

| 成分 | 数量 | 储存 |
| --- | --- | --- |
| 溶液 A | 10ml | 4℃ |
| 溶液 B | 10ml | 4℃ |

19. HRP 标记的羊抗鼠 IgG(或羊抗兔 IgG)二抗 100$\mu$l。

20. X 光胶片显影试剂(商品化)。

21. 凝胶固定液:80ml 甲醇,100ml 37%甲醛,去离子水定容至 200ml。

22. 0.2g/L $Na_2S_2O_3$ 溶液:0.202g $Na_2S_2O_3$ 溶于 100ml $dH_2O$。

23. 0.1% $AgNO_3$ 溶液。

24. $Na_2S_2O_3$ 显影液:1.5g $Na_2CO_3$(3%,W/V),4ml 0.2g/L $Na_2S_2O_3$,定容至 50ml,使用

前加入 250ml 甲醛。

　　25.2.3mol/L 柠檬酸溶液:2.415g 柠檬酸溶于 5ml 水中。

　　26.丽春红 S 染液储存液:丽春红 S 2g,三氯乙酸 30g,5-磺基水杨酸 30g,加去离子水至 100ml。使用时将上述储存液稀释 10 倍即成丽春红 S 使用液。

# 第三节　操作步骤

## 一、蛋白质的 SDS-PAGE

　　1.分离胶的制备:

　　(1)根据所分离蛋白质的相对分子质量选择分离胶的浓度。制备不同浓度的凝胶所需的储备液可参考表 10-1,该配方可配制 0.75mm 厚、10cm×7cm 的凝胶两块。在配制凝胶时,将水、30% Acr 和 Bis 储备液、4×分离胶缓冲液混合完全后,加入过硫酸铵和 TEMED,混匀后立即准备灌制凝胶。

表 10-1　制备不同浓度的凝胶所需储备液体积

| 成　分 | 不同浓度所需的储备液体积 | | | | |
|---|---|---|---|---|---|
| | 8.5% | 10% | 12.5% | 15% | 17.5% |
| dH$_2$O | 3.5ml | 3.1ml | 2.5ml | 1.8ml | 1.2ml |
| 30% Acr 和 Bis | 2.0ml | 2.4ml | 3.0ml | 3.7ml | 4.3ml |
| 4×分离胶缓冲液 | 1.9ml | 1.9ml | 1.9ml | 1.9ml | 1.9ml |
| 10%过硫酸铵 | 112$\mu$l | 112$\mu$l | 112$\mu$l | 112$\mu$l | 112$\mu$l |
| TEMED | 5$\mu$l | 5$\mu$l | 5$\mu$l | 5$\mu$l | 5$\mu$l |

　　(2)将混合液充分混匀后,缓慢地倒入已经固定好的两层玻璃板中(注意在本操作过程中不能产生任何气泡),待胶面升至离玻璃片上端 1.5cm 时即可,然后尽快地在分离胶的上面轻轻地覆盖一层去离子水。

　　(3)置于室温下 30～45min,使凝胶聚合完全,此时在水相和凝胶的交界处有一明显的亮线。倒去上层水相后用滤纸吸干水,准备灌制浓缩胶。

　　2.浓缩胶的制备:

　　(1)将 30%丙烯酰胺和甲叉双丙烯酰胺单体储备液 0.6ml、浓缩胶缓冲液 888$\mu$l、去离子水 2ml、10%过硫酸铵 56$\mu$l、TEMED 10$\mu$l 混合均匀后立即灌胶。

　　(2)将浓缩胶慢慢地灌到分离胶上面,然后将所需的样品梳(形成加样孔)插于浓缩胶中,并上下轻轻拉动梳子,小心地去除黏附在梳齿顶部的小气泡,待聚合完全后即可拔去梳子,准备电泳。

　　3.样品制备及电泳:

　　(1)样品处理:蛋白质样品在上样电泳前需变性。通常是将样品蛋白质溶液与等体积的上样缓冲液混合后置于 Eppendorf 离心管中(如蛋白质溶液为 10$\mu$l,则加入 2×上样缓冲液 10$\mu$l),在离心管盖上用注射器的针头打 2～3 孔,将混合物置于 100℃煮 5～10min,立即置于冰上冷却 5min 后加样,如是原核表达的样品,离心去上清后,加入 1×上样缓冲液,悬浮沉淀,100℃煮 5min,12000r/min 离心 3min 后取上清点样。也可以将蛋白质和上样缓冲液的混合液于−20℃以下储存,以便再次分析时使用。

(2)上样:先将样品梳移去,用去离子水淋洗每个样品孔,然后在样品孔中加入电泳缓冲液,同时在电泳槽中也加满电泳缓冲液。处理完毕后,根据实验的需要加样。

(3)电泳:通常使用稳压的方式进行电泳,电压一般为 60～90V,待溴酚蓝带移至凝胶底部即可结束电泳(约需 2～3h)。

4. 凝胶的染色与脱色:

蛋白质经 SDS-PAGE 后即可进行染色分析,也可进行 Western blot 分析。用于 Western blot 的胶不能进行染色分析。

电泳完毕后,倒去电泳缓冲液,取出夹心槽。小心地取出凝胶,放入考马斯亮蓝染色液中置于水平摇床上摇动染色 1～2h。染色完毕后,倒去染色液,用少量水淋洗凝胶,然后置于脱色液中脱色,并轻轻晃动,脱色至蓝色背景消失为止(约需 1.5～2h,换脱色液 2～3 次)。此凝胶即可用于观察、分析、拍片。

5. SDS-PAGE 注意事项及经常遇到的问题:

(1)分离胶不要倒得太满,需要有一定的浓缩胶空间(1.5cm 高),否则起不到浓缩效果。

(2)若胶混合速度太快则会产生气泡而影响聚合,导致电泳带畸形。

(3)凝胶总是"缩"的原因是胶里的水分蒸发了,解决的方法是过夜时用保鲜膜包起来,在里面加点水保持湿度;也可能是母液(30%聚丙烯酰胺)有问题,需重新配制。

(4)电泳中常出现的一些现象:

⌣条带呈笑脸状,原因:凝胶不均匀冷却,中间冷却不好,解决办法是:可降低电泳电压。

⌢条带呈皱眉状,可能是由于装置不合适,特别可能是凝胶和玻璃挡板底部有气泡,或者两边聚合不完全。

拖尾:样品溶解性不好。

纹理(纵向条纹):样品中含有不溶性颗粒。

条带偏斜:电极不平衡。

条带两边扩散:加样量过多或样品中盐离子浓度过高。

(5)未聚合的丙烯酰胺具有神经毒性,操作时应戴手套。

(6)梳子插入浓缩胶时,应确保没有气泡,梳子拔出来时应该小心,不要破坏加样孔,如有加样孔上的凝胶歪斜可用针头插入加样孔中纠正,但要避免针头刺入胶内。

(7)上样缓冲液中煮沸的样品可在−20℃以下存放。

(8)为减少蛋白质条带的扩散,上样后应尽快电泳,电泳结束后也应直接染色或者转印。

(9)上样时小心,不要使样品溢出而污染相邻加样孔。

(10)取出凝胶后应注意分清加样顺序,可用刀片切去凝胶的一角作为标记(如左上角),转膜时也应用同样的方法对 NC 膜做上标记(如左上角)以分清正反面和上下关系。

## 二、Western blot 技术

下列操作在 SDS-PAGE 电泳后进行。

### (一)Western blot 操作步骤

1. 蛋白质从凝胶原位转印至膜上:电泳结束后,取下凝胶,切除浓缩胶,用去离子水稍作淋洗后置于转移缓冲液中。取与 PAGE 胶相同大小的硝酸纤维素膜和 2 张 Whatman 滤纸,置

于转移缓冲液中浸湿,然后将凝胶、硝酸
纤维素膜(或 PVDF 膜)、滤纸及海绵依
次叠放在支架上(图 10-1),各层之间不
能留有气泡,用配套的滚筒或玻璃棒赶
走各层间的气泡,夹紧转印夹,然后插入
转移槽中。凝胶接(一)极,硝酸纤维素
膜接(+)极,电流强度为 0.65mA/cm²
膜,电转移 1~2h。

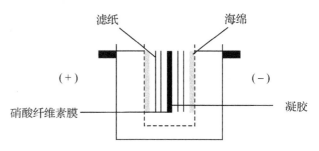

图 10-1 蛋白质槽式转移系统

或蛋白质从凝胶原位转印至
膜的半干转印法:电泳后将两玻
璃板分开,将上部以浓缩胶为准
全部割弃,把分离胶从玻璃板上取
下,放入转移缓冲液中湿润 5~
10min;将 NC 膜和滤纸切出与凝
胶一样大小,置转移缓冲液中湿润
5~10min;按照如图 10-2 所示顺
序将滤纸、NC 膜、凝胶、滤纸组合
放置到半干盒中;用玻璃棒轻轻
在上面滚动去除每层之间的气
泡。胶四周平板电极上的缓冲液
擦干,防止电流直接从没有凝胶
处通过造成短路,盖上电极和压
板盖,通电流,小胶一般 10V、
30min 或 15V、15min,大胶 25V、
30min 或 15V、60min 电转移。

2.转移完毕后,可以用丽春红
S 印迹膜染色:印迹膜置于丽春红
S 应用液中,并在室温下摇动
5~10min,然后将膜放入 PBS 缓
冲液或去离子水中洗数次,每次

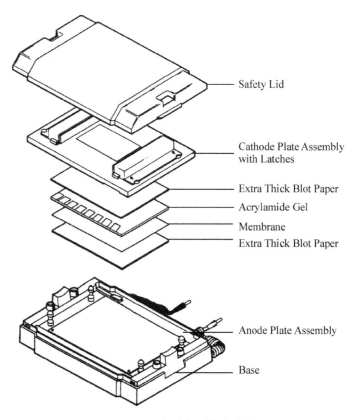

图 10-2 蛋白质半干转移系统

1~2min,根据需要将转印条带和相对分子质量标准位置进行标记,至此膜可以用于封闭和加
入抗体。或不用丽春红 S 染色,直接用适量 TBST 缓冲液淋洗硝酸纤维素膜,然后将硝酸纤
维素膜浸入含 5% 脱脂奶粉 20ml TBST 封闭缓冲液中,室温水平摇床上轻轻地摇动封闭
1~2h 或 4℃封闭过夜。

3.将膜浸入 10~20ml 用封闭缓冲液稀释的第一抗体中,室温水平摇床上轻轻地摇动反
应 1~2h。

4.用适量 TBST 缓冲液洗膜 3~5 次,每次 3min,并在水平摇床上较快摇动。

5.将硝酸纤维素膜浸入 20ml 用封闭缓冲液适当稀释的碱性磷酸酶(或辣根过氧化物酶)
标记的抗一抗的酶标第二抗体溶液中,室温水平摇床上轻轻地摇动反应 1~2h。

6. 用适量 TBST 缓冲液洗膜 5 次,每次 3min,并在水平摇床上较快摇动。

7. 膜用 TBS 缓冲液短暂洗涤,以去除膜表面的吐温-20,用滤纸吸去硝酸纤维素膜表面剩余的缓冲液。

8. 现配显色底物:在 10ml 显色缓冲液中先后加入 $66\mu l$ NBT 和 $33\mu l$ BCIP,分别至终浓度为 $0.3mg/ml$ 和 $0.15mg/ml$。

9. 将硝酸纤维素膜浸入显色缓冲液中,避光静止显色,直至阳性反应清晰显示且背景较低时为止。一般需要 3~20min。

10. 将显色反应完全后的膜在水中漂洗终止反应,拍照记录结果后将膜避光保存。

**(二)Western blot 化学发光检测操作步骤**

化学发光检测前面的操作步骤与化学显色反应的步骤相同(但一抗和二抗的用量可以减少 9/10 以上),只是最后一步用发光底物取代化学生色底物。

1. 使用前先配制底物工作液,以 1:1 体积比混合溶液 A 和溶液 B,一个 Mini-blot 需配制约 1ml 工作液($1ml/20cm^2$)。溶液混合均匀后避光放置。

2. 取 1ml 工作液于化学发光检测盘,将膜平铺在工作液上,至完全覆盖工作液,室温孵育 5min。

3. 用镊子从工作液中取出膜(避免用手触碰),滴去多余的工作液,膜的一角轻轻接触纸巾或滤纸以完全去除工作液。注意:不要使膜变干,因为酶和底物需要在水中反应。

4. 将膜置于一坚实平面上,如一小塑料板上,并用塑料膜将膜封好,小心不要在板和膜之间以及膜和塑料膜之间留下小气泡。

5. 在暗室用 X 光胶片显影或者用感光的数字成像设备拍照。

6. 曝光时间根据信号强弱从几秒到几分钟不等,或者更长,取决于被检测的蛋白质量的多少。

**(三)注意事项**

1. 若上样蛋白质为纯化蛋白质,则在变性后无须离心即可直接上样。真菌、细菌、植物样品变性后需离心,取上清才可上样。

2. 在 Western blot 转膜操作时应戴一次性手套及使用镊子,以免污染滤膜。

3. PVDF 膜需预处理:在甲醇中浸泡 30~60s 湿润膜,转移缓冲液浸泡 5~10min 以除去甲醇;而硝酸纤维素膜(NC 膜)不用甲醇处理,用转移缓冲液浸泡 5~10min 即可。

4. 使用较低浓度的抗体可减弱印迹膜上的假阳性条带。多数情况下血清中因免疫产生的抗体浓度最高,因此,经过滴定可将非特异性抗体的浓度降到不影响实验结果分析的水平,滴定一抗、二抗的效价,找到一个产生的信号强度可以接受的较低浓度。

5. 一般多抗、单抗的稀释度为 1:5000~1:10000。

6. 应对弥散背景的策略:延长每次洗膜时间,稀释抗体,缩短一抗、二抗的反应时间,延长封闭时间。

7. 阴性对照抗体:对于多克隆抗血清,理想的阴性对照是取自同一动物免疫前的血清。若血清是取自同种属的动物,虽不太理想但仍可接受。而对于单克隆抗体而言,正确的阴性对照应是与所选抗体具有同种型的另一个特异性抗体。

8. 将凝胶准确平放于滤纸上(不能产生气泡)后,把膜一边先正确置于上面有转移缓冲液的凝胶上,然后慢慢地盖在凝胶上,排除所有气泡;滤纸、胶、膜之间不能有气泡,因为气泡会造成短路。

9. TBST 可用 0.01mol/L PBST(pH 7.4)代替。

10. 丙烯酰胺和甲叉双丙烯酰胺单体溶液（Acr 和 Bis）及 TEMED 有毒,应戴手套操作。

11. 植物可溶性蛋白样品的制备:

方法一:取约 0.1g 植物叶片,经液氮处理后研磨成粉末。加入 $100\sim200\mu l$ 的 $2\times$ SDS-PAGE 上样缓冲液,在沸水中煮 10min,5000r/min 离心 5min,取上清液电泳。

方法二:取约 0.1g 植物叶片,经液氮处理后研磨成粉末。加蛋白提取缓冲液(50mmol/L Tris・HCl,pH 6.8;4.5% SDS;7.5% β-巯基乙醇和 9mol/L 尿素)$200\mu l$,冰浴中研成匀浆。室温下 5000r/min 离心 10min,弃沉淀。上清液中加等体积的 $2\times$ SDS-PAGE 上样缓冲液,在沸水中煮 10min,5000r/min 离心 5min,取上清液电泳。

方法三:取约 0.1g 植物叶片,经液氮处理后研磨成粉末。按每克叶片加入 2ml 方法二中的抽提缓冲液的比例加入抽提缓冲液,混合均匀,室温放置 5min 后 12000r/min 离心 10min,取上清,加入 2 倍体积的丙酮后混匀,12000r/min 离心 10min 沉淀蛋白;沉淀蛋白室温凉干,加 $100\mu l$ $2\times$ SDS-PAGE 上样缓冲液后在沸水中煮 10min,5000r/min 离心 5min,取上清液电泳。

12. 动物组织、动物细胞可溶性蛋白样品的制备:

取约 0.1g 动物组织,经液氮处理后研磨成粉末。加入 $200\sim400\mu l$ $2\times$ SDS-PAGE 上样缓冲液,在沸水中煮 10min,5000r/min 离心 5min,取上清液电泳。

13. 细菌、真菌可溶性蛋白样品的制备:

取 $1\sim2mg$ 细菌、真菌,加入 $100\sim200\mu l$ $2\times$ SDS-PAGE 上样缓冲液,在沸水中煮 10min,5000r/min 离心 5min,取上清液电泳。

14. 滤纸、胶、膜之间的大小,一般是滤纸=膜=胶。

15. 转移时间可根据相对分子质量大小调整转移时间和电流大小。小分子蛋白易转印,大分子蛋白转移较慢,可延长转移时间和电流,但这常导致小分子蛋白转印到膜的反面去。

16. 重复使用转移缓冲液不要超过 3 次,因为随着离子的逐渐减少,电阻越来越大。当恒压时电流越来越小,建议更换转移缓冲液。

17. 半干转膜时胶四周平板电极上的转移缓冲液须擦干,防止电流短路,如不擦干转移缓冲液会导致电流很大。

18. 电压一定时而电流过大,可能是转移缓冲液不对,如 $10\times$ 的转移缓冲液未稀释,也可能是上述(17)的原因。

### 三、快速银染检测 SDS-PAGE 胶中蛋白

1. 将胶放入塑料容器内,加入 50ml 凝胶固定液,置于水平摇床上摇 10min。

2. 倾去固定液,用去离子水洗 2 次,每次 5min。

3. 倾去水,将胶浸泡在 $0.2g/L$ $Na_2S_2O_3$ 溶液中,置于水平摇床上摇 1min。

4. 倾去 $Na_2S_2O_3$,用去离子水洗 2 次,每次 20s。

5. 倾去水,将凝胶浸入 50ml 0.1% $AgNO_3$ 溶液中 10min。

6. 倾去 $AgNO_3$,用去离子水洗 2 次,每次 5s。

7. 倾去水,浸泡在 50ml 新配的 $Na_2S_2O_3$ 显影液中,置于水平摇床上摇至条带出现,加入 2.5ml 2.3mol/L 柠檬酸溶液。

8. 倾去柠檬酸,然后用去离子水洗胶。

# 第十一章　核酸分子杂交技术

核酸互补的核苷酸序列通过 Walson-Crick 碱基配对(形成氢键)形成稳定的杂合双链 DNA 分子的过程称为杂交。杂交过程是高度特异性的,可以根据所使用的探针的已知序列进行特异性的靶序列检测。

核酸杂交的双方是所使用探针和要检测的核酸。该检测对象可以是克隆化的基因组 DNA,也可以是细胞总 DNA 或总 RNA。根据使用的方法被检测的核酸可以是提纯的,也可以在细胞内杂交,即细胞原位杂交。探针必须经过标记,以便示踪和检测。使用最普遍的探针标记物是同位素,但由于同位素的安全性,近年来发展了许多使用非同位素标记探针的方法,如地高辛标记的探针。

核酸分子杂交具有很高的灵敏度和高度的特异性,因而该技术在分子生物学领域已广泛地使用于克隆基因的筛选、酶切图谱的制作、基因组中特定基因序列的定性、定量检测、目的基因的表达和丰度分析及疾病诊断等方面。因而它不仅在分子生物学领域被广泛地应用,而且在临床诊断上的应用也日趋增多。

## 第一节　核酸探针标记的方法

核酸探针根据核酸的性质可分为 DNA 和 RNA 探针;根据是否使用放射性标记物可分为放射性标记探针和非放射性标记探针;根据是否存在互补链,可分为单链和双链探针;根据放射性标记物掺入情况,可分为均匀标记和末端标记探针。下面介绍各种类型的探针及标记方法。

### 一、双链 DNA 探针及其标记方法

在分子生物学研究中,最常用的探针即为双链 DNA 探针,它广泛应用于基因的鉴定、基因表达水平分析、临床诊断等方面。

双链 DNA 探针的合成方法主要有下列两种:切口平移法和随机引物合成法,其中随机引物合成法较常用。

#### (一)切口平移法

当 DNA 酶 I 在双链 DNA 分子的一条链上产生切口时,E. coli DNA 聚合酶 I 就可将核苷酸连接到切口的 3′羟基末端。同时该酶具有从 5′→3′的核酸外切酶活性,能从切口的 5′端除去核苷酸。由于在切去核苷酸的同时又在切口的 3′端补上核苷酸,从而使切口沿着 DNA 链移动,用放射性核苷酸代替原先无放射性的核苷酸,将放射性同位素掺入到合成新链中。最合适的切口平移片段一般为 50~500 个核苷酸。切口平移反应受几种因素的影响:①产物的比活性取决于 $[\alpha^{-32}P]dNTP$ 的比活性和模板中核苷酸被置换的程度;②DNA 酶 I 的用量和

*E. coli* DNA 聚合酶的质量会影响产物片段的大小;③DNA 模板中的抑制物如琼脂糖会抑制酶的活性,故应使用纯化后的 DNA。

1. 设备:高速台式离心机,恒温水浴锅等。

2. 材料:待标记的 DNA。

3. 试剂:

(1)10×切口平移缓冲液:0.5mol/L Tris·HCl(pH 7.2),0.1mol/L MgSO$_4$,10mmol/L DTT,100$\mu$g/ml BSA。

(2)未标记的 dNTP 原液:除同位素标记的脱氧三磷酸核苷酸外,其余 3 种分别溶解于 50mmol/L Tris·HCl (pH 7.5)溶液中,浓度为 0.3mmol/L。

(3)[$\alpha$-$^{32}$P]dCTP 或[$\alpha$-$^{32}$P]dATP:400Ci/(mmol/L),10$\mu$Ci/$\mu$l。

(4)*E. coli* DNA 聚合酶Ⅰ(4U/$\mu$l)。

(5)DNA 酶Ⅰ:1mg/ml。

(6)EDTA:200mmol/L(pH 8.0)。

(7)10mol/L NH$_4$Ac。

4. 操作步骤:

(1)在 1.5ml 离心管中依次加入下列试剂:

| | |
|---|---|
| 未标记的 dNTP | 10$\mu$l |
| 10×切口平移缓冲液 | 5$\mu$l |
| 待标记的 DNA | 1$\mu$g |
| [$\alpha$-$^{32}$P]dCTP 或 dATP(70$\mu$Ci) | 5$\mu$l |
| *E. coli* DNA 聚合酶Ⅰ | 4U |
| DNA 酶Ⅰ | 1$\mu$l |
| 加去离子水至终体积 | 50$\mu$l |

(2)混匀,在离心机上甩一下后置于 15℃水浴 60min。

(3)加入 5$\mu$l 200mmol/L(pH 8.0)EDTA 终止反应。

(4)反应液中加入乙酸铵,使终浓度为 0.5mol/L,加入两倍体积预冷无水乙醇沉淀回收 DNA 探针。

(5)或用 Sephadex G-50 柱(GE 公司产品)层析分离标记的 DNA:

①3000r/min 离心 1min 去 Sephadex G-50 柱中的缓冲液。

②用移液枪加标记好的探针到柱中间。

③离心 2min,取收集的离心液即为分离的标记探针。

5. 注意事项:

(1)$^3$H、$^{32}$P 及 $^{35}$S 标记的 dNTP 都可使用于探针标记,但通常使用[$\alpha$-$^{32}$P]dNTP。

(2)DNA 酶Ⅰ的活性不同,所得到的探针比活性也不同,DNA 酶Ⅰ活性越高,则所得探针比活性越高,但长度比较短。

**(二)随机引物合成法**

随机引物合成双链探针是使寡核苷酸引物与 DNA 模板结合,在 Klenow 酶的作用下合成 DNA 探针。合成产物的大小、产量、比活性依赖于反应中模板、引物、dNTP 和酶的量。产物平均长度为 400~600 个核苷酸。利用随机引物进行反应的优点是:①Klenow 片段没有 5′→

3′外切酶活性,反应稳定,可以获得大量的有效探针;②反应时对模板的要求不严格,用微量制备的质粒 DNA 模板也可进行反应;③反应产物的比活性较高,可达 $4 \times 10^9$ cpm/$\mu$g 探针。

1. 设备:高速台式离心机,恒温水浴锅等。

2. 材料:待标记的 DNA 片段。

3. 试剂:

(1)Promega 公司 Prime-a-Gene Labeling kit,其含有下列试剂:

5×Labeling Buffer(含 6 碱基随机引物)

0.5mmol/L dNTP 混合液(dATP/dTTP/dGTP)

Nuclease-free BSA

Klenow Enzyme (5U/ml)

Nuclease-free $H_2O$

(2)$[\alpha^{-32}P]$dCTP。

4. 操作步骤:

(1)DNA 模板的制备:通常以酶切产物 DNA 或 PCR 扩增 DNA 为模板,但需割胶纯化 DNA 模板片断,检测 DNA 模板浓度,假设浓度为 50ng/ml。在 1.5ml Eppendorf 离心管中用灭菌的 MilliQ 超纯水将 DNA 模板稀释 10 倍(5ng/ml),离心管用 Parafilm 封口或用注射器针头在离心管盖上打 3 个孔后在 100℃水浴锅中变性 5min,立即冰浴 3~5min。

(2)与此同时,尽快在一置于冰浴中的新 1.5ml Eppendorf 离心管内依次加入以下试剂:

| | |
|---|---|
| Nuclease-free $H_2O$ | 20$\mu$l |
| 5×Labeling Buffer(含 6 碱基随机引物) | 10$\mu$l |
| 0.5mmol/L dNTP 混合液(dATP/dTTP/dGTP) | 2$\mu$l |
| 变性预冷的 DNA 模板 | 10$\mu$l(25~50ng) |
| Nuclease-free BSA | 2$\mu$l |
| Klenow Enzyme(5U/$\mu$l) | 1$\mu$l |
| $[\alpha^{-32}P]$dCTP | 5$\mu$l |
| 终体积为 | 50$\mu$l |

(3)充分混合,在微型离心机中以 5000r/min 离心 1~2s,使所有溶液沉于试管底部,用 Parafilm 封口或用注射器针头在离心管盖上打 3 个孔,插在浮子上,放入预先调好的 37℃水浴锅里,保温 60min。

(4)100℃水浴锅中变性合成好的探针 5min 并立刻放于冰上冷却变性探针。

(5)乙醇沉淀或用 Sephadex G-50 柱层析分离标记的 DNA。

5. 注意事项:

(1)引物与模板的比例应仔细调整,当引物高于模板时,反应产物比较短,但产物的累积较多;反之,则可获得较长片段的探针。

(2)模板 DNA 应是线性的,如为超螺旋 DNA,则标记效率不足 50%。

## 二、单链 DNA 探针

用双链探针杂交检测另一个远缘 DNA 时,探针序列与被检测序列间有很多错配。而两条探针互补链之间的配对却十分稳定,即形成自身的无效杂交,结果使检测效率下降。

采用单链探针则可解决这一问题。单链 DNA 探针的合成方法主要有下列两种:①以 M13 噬菌体载体衍生序列为模板,用 Klenow 片段合成单链 DNA 探针;②以 RNA 为模板,用反转录酶合成单链 cDNA 探针。

### (一)从 M13 噬菌体载体衍生序列合成单链 DNA 探针

合成单链 DNA 探针可将模板序列克隆到噬粒或 M13 噬菌体载体中,以此为模板,以特定的通用引物或以人工合成的寡核苷酸为引物,在$[\alpha\text{-}^{32}P]$dNTP 的存在下,在 Klenow 片段作用下合成放射性标记探针,反应完成后得到部分双链分子。在克隆序列内或下游用限制性内切酶切割这些长短不一的产物,然后通过变性凝胶电泳(如变性聚丙烯酰胺凝胶电泳)将探针与模板分离。双链 RF 型 M13 DNA 也可用于单链 DNA 的制备,选用适当的引物即可制备正链或负链单链探针。

1. 设备:高速台式离心机,恒温水浴锅等。

2. 材料:已制备好的单链 DNA 模板。

3. 试剂:

(1)10×Klenow 缓冲液:0.5mol/L NaCl,0.1mol/L Tris・HCl(pH 7.5),0.1mol/L $MgCl_2$。

(2)0.1mol/L DTT 溶液。

(3)$[\alpha\text{-}^{32}P]$dATP:3000Ci/(mmol/L),10$\mu$Ci/$\mu$l。

(4)40$\mu$mol/L 和 20mmol/L 的未标记的 dNTP 溶液。

(5)dCTP、dTTP、dGTP 各 20mmol/L 的溶液。

(6)Klenow 片段(5U/$\mu$l)。

(7)适宜的限制酶,如 EcoRⅠ、HindⅢ等。

(8)0.5mol/L EDTA(pH 8.0)。

4. 操作步骤:

(1)在冰上的 0.5ml Eppendorf 离心管中依次加入下列试剂:

| | |
|---|---|
| 单链模板(约 0.5pmol/L) | 1$\mu$g |
| 适当引物 | 5pmol/L |
| 10×Klenow 缓冲液 | 3$\mu$l |
| 加去离子水至 | 20$\mu$l |

混匀后离心机上甩一下。

(2)将离心管加热到 85℃ 5min,在 30min 内使小离心管降到 37℃。

(3)离心管中依次加入下列试剂:

| | |
|---|---|
| DTT | 2$\mu$l |
| $[\alpha\text{-}^{32}P]$dATP | 5$\mu$l |
| 未标记的 dATP | 1$\mu$l |
| dGTP、dCTP、dTTP 混合液 | 1$\mu$l |

混匀后,稍离心使之沉于试管底部。

(4)加 1$\mu$l(5U)Klenow 片段,室温下 30min。

(5)加 1$\mu$l 20mmol/L 未标记的 dATP 溶液,室温下 20min。

(6)68℃加热 10min 使 Klenow 片段失活。调整 NaCl 浓度,使之适宜于酶切。

(7)加入 20U 限制性内切酶(如 *Eco*R Ⅰ、*Hind*Ⅲ等),酶切 1h。

(8)酚/氯仿抽提 DNA,乙醇沉淀以去除 dNTP 或加 0.5mol/L EDTA(pH 8.0)至终浓度 10mmol/L。

(9)用电泳方法分离放射性标记的探针。

### (二)从 RNA 合成单链 cDNA 探针

以 RNA 为模板合成 cDNA 探针所用的引物有三种:①用寡聚 dT 为引物合成 cDNA 探针。本方法只能用于带 Poly(A)的 mRNA,并且产生的探针绝大多数偏向于 mRNA 3′末端序列。②可用随机引物合成 cDNA 探针。该法可避免上述缺点,产生比活性较高的探针。但由于模板 RNA 中通常含有多种不同的 RNA 分子,所得探针的序列往往比以克隆 DNA 为模板所得的探针复杂得多,应预先尽量富集 mRNA 中的目的序列。反转录得到的产物 RNA/DNA 杂交双链经碱变性后,RNA 单链可被迅速地降解成小片段,经 Sephadex G-50 柱层析即可得到单链探针。③用基因的下游特异性引物合成 cDNA 探针。用该方法合成的探针纯度好、特异性强。

1. 设备:高速台式离心机,恒温水浴锅等。

2. 材料:已提纯的 RNA 或 mRNA。

3. 试剂:

(1)合适的引物:随机引物或 oligo(dT)$_{15-18}$或基因的下游特异性引物。

(2)20mmol/L dGTP,dATP,dTTP。

(3)[$\alpha$-$^{32}$P]dCTP(>3000Ci/(mmol/L),10$\mu$Ci/$\mu$l)。

(4)反转录酶(200U/$\mu$l)。

(5)10mmol/L DTT。

(6)125$\mu$mol/L dCTP。

(7)0.5mol/L EDTA(pH 8.0)。

(8)10% SDS。

(9)Rnasin(40U/$\mu$l)。

4. 操作步骤:

(1)在已置于冰浴中的灭菌 1.5ml Eppendorf 离心管中加入下列试剂:

| | |
|---|---|
| RNA 或 mRNA | 10$\mu$l |
| 合适的引物 | 10$\mu$l |
| 10×反转录缓冲液 | 5$\mu$l |
| 20mmol/L dGTP,dATP,dTTP | 2$\mu$l |
| 125$\mu$mol/L dCTP | 2$\mu$l |
| [$\alpha$-$^{32}$P]dCTP | 10$\mu$l |
| 10mmol/L DTT | 5$\mu$l |
| Rnasin | 20U |
| 加水至 | 48$\mu$l |
| 反转录酶(200U/$\mu$l) | 2$\mu$l |

混匀后,离心机上甩一下后 45℃保温 2h。

(2)反应完毕后上述离心管中加入下列试剂：

　　　0.5mol/L EDTA(pH 8.0)　　　　　　　　　　　　$2\mu l$

　　　10% SDS　　　　　　　　　　　　　　　　　　　$2\mu l$

(3)加入 $6\mu l$ 3mol/L NaOH,68℃保温 30min 以水解 RNA。

(4)冷却至室温后,加入 $20\mu l$ 1mol/L Tris・HCl(pH 7.4),混匀后加入 $6\mu l$ 2.5mol/L HCl 溶液。

(5)酚/氯仿抽提后,用 Sephadex G-50 柱层析或乙醇沉淀法分离标记的探针。

5. 注意事项：RNA 极易降解,因而实验中的所有试剂和器皿均应在 DEPC 处理后灭菌备用。

### 三、末端标记 DNA 探针

现以 Klenow 片段标记 3′末端为例说明末端标记的方法。

1. 设备：高速台式离心机,水浴锅等。

2. 材料：待标记的双链含凹缺 3′末端的 DNA。

3. 试剂：

(1)3 种不含标记的 dNTP 各为 2mmol/L。

(2)合适的限制酶。

(3)$[\alpha\text{-}^{32}P]$dNTP:3000Ci/(mmol/L),$10\mu Ci/\mu l$。

(4)Klenow 片段($5U/\mu l$)。

(5)10×末端标记缓冲液:0.5mol/L Tris・HCl(pH 7.2),0.1mol/L $MgSO_4$,1mmol/L DTT,500mg/ml BSA。

4. 操作步骤：

(1)$25\mu l$ 反应体系中用合适的限制酶酶切 $1\mu g$ 的 DNA。

(2)在离心管中按下列成分加入试剂并混匀：

　　　已酶切的 DNA　　　　　　　　　　　　$1\mu g(25\mu l)$

　　　10×末端标记缓冲液　　　　　　　　　　$5\mu l$

　　　2mmol/L 3 种 dNTP　　　　　　　　　　$2.5\mu l$

　　　$[\alpha\text{-}^{32}P]$dNTP　　　　　　　　　　　　$5\mu l$

　　　加水至　　　　　　　　　　　　　　　　$50\mu l$

(3)加入 1U 的 Klenow 片段,混匀后离心机上甩一下,室温(25℃)下反应 30min。

(4)加入 $1\mu l$ 2mmol/L 第四种核苷酸溶液,室温保温 15min。

(5)75℃加热 5min 后终止反应。

(6)用酚/氯仿抽提后,用乙醇沉淀来分离标记的 DNA,或用 Sephadex G-50 柱层析分离标记的 DNA。

5. 注意事项：

(1)利用本方法可对 DNA 相对分子质量标准进行标记,利用它可定位因片段太小而无法在凝胶中观察的 DNA 片段。

(2)对 DNA 的纯度不很严格,少量制备的质粒也可进行末端标记合成探针。

(3)末端标记还有其他的一些方法,如利用 T4 多核苷酸激酶标记脱磷的 5′端突出的

DNA 分子,也可利用该酶进行交换反应标记 5′末端。

#### 四、寡核苷酸探针

利用寡核苷酸探针可检测到靶基因上单个核苷酸的点突变。常用的寡核苷酸探针主要有两种:单一已知序列的寡核苷酸探针和许多简并性寡核苷酸探针组成的寡核苷酸探针库。单一已知序列寡核苷酸探针能与它们的目的序列准确配对,可以准确地设计杂交条件,以保证探针只与目的序列杂交而不与序列相近的非完全配对序列杂交,对于一些未知序列的目的片段则无效。

1.设备:高速台式离心机,恒温水浴锅等。

2.材料:待标记的寡核苷酸。

3.试剂:

(1)10×T4 噬菌体多聚核苷酸激酶缓冲液

(2)[γ-³²P]ATP(比活性 7000Ci/(mmol/L),10μCi/μl)。

(3)T4 噬菌体多聚核苷酸激酶(10U/μl)。

4.操作步骤:

(1)100ng 寡核苷酸溶于 30μl 去离子水中,置 65℃变性 5min,迅速置冰浴中 5min。

(2)立即加入下列试剂:

| | |
|---|---|
| 10×激酶缓冲液 | 5μl |
| [α-³²P]ATP | 10μl |
| T4 噬菌体多聚核苷酸激酶 | 2μl |
| 加去离子水至 | 50μl |

混匀,离心甩一下后置 37℃水浴 30min。

(3)再加入 20U T4 噬菌体多聚核苷酸激酶,置 37℃水浴 30min 后立即置冰浴中 5min。

(4)Sephadex G-50 柱层析纯化探针。

#### 五、RNA 探针

许多载体如 pBluescript、pGEM 等均带有来自噬菌体 SP6 或 E.coli 噬菌体 T7 或 T3 的启动子,它们能特异性地被各自噬菌体编码的依赖于 DNA 的 RNA 聚合酶所识别,并合成特异性的 RNA。在反应体系中若加入经标记的 NTP,则可合成 RNA 探针。RNA 探针一般都是单链,具有单链 DNA 探针的优点,且没有许多单链 DNA 探针的缺点:RNA：DNA 杂交体比 DNA：DNA 杂交体有更高的稳定性,所以在杂交反应中 RNA 探针比相同比活性的 DNA 探针所产生的信号要强;RNA：RNA 杂交体用 RNA 酶 A 酶切比 S1 酶切 DNA：RNA 杂交体容易控制,所以用 RNA 探针进行 RNA 结构分析比用 DNA 探针效果好;噬菌体依赖 DNA 的 RNA 聚合酶所需的 rNTP 浓度比 Klenow 片段所需的 dNTP 浓度低,因而能在较低浓度放射性底物的存在下,合成高比活性的全长探针。用来合成 RNA 的模板能转录许多次,所以 RNA 的产量比单链 DNA 高;反应完毕,用无 RNA 酶的 DNA 酶Ⅰ处理,即可除去模板 DNA,而单链 DNA 探针则需通过凝胶电泳纯化才能与模板 DNA 分离;另外,噬菌体的依赖于 DNA 的 RNA 聚合酶不识别克隆 DNA 序列中的细菌质粒或真核生物的启动子,对模板的要求也不高,故在异常位点起始 RNA 合成的比率很低。因此,当将线性质粒和相应的依赖 DNA 的

RNA 聚合酶及四种 rNTP 一起保温时,所有 RNA 的合成都由这些噬菌体启动子起始。而在单链 DNA 探针合成中,若模板中混杂其他 DNA 片段,则会产生干扰。但它也存在着不可避免的缺点,因为合成的探针是 RNA,它对 RNase 特别敏感,因而所用的器皿、试剂等均应去除 RNase。另外,如果载体没有很好地酶切,则超螺旋 DNA 会合成极长的 RNA,它有可能带上质粒的序列而降低特异性。

1. 设备:高速台式离心机,恒温水浴锅等。

2. 材料:待反转录标记的含 T7 启动子的 DNA 片段。

3. 试剂:

(1)10×T7 RNA 聚合酶缓冲液。

(2)50mmol/L DTT。

(3)rNTP 混合液(各 2.5mmol/L)。

(4)Rnasin(40U/μl)。

(5)T7 RNA 聚合酶。

(6)[α-$^{32}$P]UTP。

(7)BSA。

4. 操作步骤:

(1)设计含有 T7 启动子序列的上游引物和不含启动子的下游引物,PCR 扩增模板 DNA,并割胶纯化,用 Parafilm 封口或用注射器针头在离心管盖上打 3 个孔后在 100℃ 水浴锅中变性 5min,立即置于冰浴中 5min。

(2)与此同时,尽快在一置于冰浴中的新 1.5ml Eppendorf 离心管内依次加入以下试剂:

| | |
|---|---|
| 10×T7 RNA 聚合酶缓冲液 | 2μl |
| 50mmol/L DTT | 2μl |
| rNTP 混合液(各 2.5mmol/L) | 4μl |
| Rnasin(40U/μl) | 0.5μl |
| BSA | 0.5μl |
| 变性好的模板 DNA | 5μl(250ng) |
| DEPC 水 | 3μl |
| [α-$^{32}$P]UTP | 2μl |
| T7 RNA 聚合酶 | 1μl(10～50U) |
| 总体积 | 20μl |

(3)37℃ 反应 30～60min。

(4)加入 2μl(10U)的 DNA 酶Ⅰ,37℃ 反应 10min,以去除未转录的 DNA。

(5)加入 30μl DEPC 水后再加入 50μl 酚/氯仿/异戊醇(25∶24∶1),充分混匀;6000r/min 离心 5min 后取上清至新离心管中,加入 50μl 氯仿/异戊醇(24∶1),充分混匀,6000r/min 离心 5min 后取上清至新离心管中。

(6)加入 5μl(1/10 体积量)3mol/L NaAc(pH 5.2),再加入 125μl(2.5 倍体积)的冰冷无水乙醇,混匀后在 −20℃ 冰箱中放置 30～60min 沉淀 RNA。

(7)12000r/min 离心 10min 回收沉淀,用 70% 冰冷乙醇洗涤沉淀,干燥后用 50μl DEPC 水溶解即为标记好的单链 RNA 探针。

# 第二节　几种常见的核酸杂交

核酸杂交是通过各种方法将核酸分子固定在固相支持物上,然后用放射性或非放射性标记的探针与被固定的核酸分子杂交,经 X 光片感光、显影或磷屏感光、Typhoon 9200 扫描或化学生色或发光反应显示目的 DNA 或 RNA 分子所处的位置。根据被测定的对象,核酸杂交基本可分为以下几大类:

1. Southern blot:DNA 片段经电泳分离后,从凝胶中转移到尼龙膜上,然后与探针杂交。被检对象为 DNA,探针为标记的 DNA 或 RNA。

2. Northern blot:RNA 片段经电泳分离后,从凝胶中转移到尼龙膜上,然后用探针杂交。被检对象为 RNA,探针为标记的 DNA 或 RNA。

根据杂交所用的方法,另外还有斑点(dot)杂交、组织和菌落原位杂交等。目前常用尼龙膜作为核酸分子的固相支持物。

## 一、Southern blot

Southern blot 可用来检测经限制性内切酶切割后的 DNA 片段中是否存在与探针同源的序列,它包括下列步骤:

1. 酶切 DNA,凝胶电泳分离各酶切片段,然后使 DNA 原位变性。

2. 将 DNA 片段转移到固相支持物尼龙膜上。

3. 预杂交膜,封闭膜上空位点。

4. 让探针与同源 DNA 片段杂交,然后漂洗除去非特异性结合的探针。

5. 通过 X 光片感光后显影检查目的 DNA 所在的位置,但目前常用磷屏感光后用 Typhoon 9200 扫描仪扫描,检测放射性信号。

Southern blot 能否检出杂交信号取决于很多因素,包括目的 DNA 在总 DNA 中所占的比例、探针的大小和比活性、转移到膜上的 DNA 量以及探针与目的 DNA 间的配对情况等。在最佳条件下,放射自显影曝光数天后,Southern blot 杂交能很灵敏地检测出低于 0.1pg 与 $^{32}$P 标记的高比活性探针的($>10^9$ cpm/$\mu$g)互补 DNA。如果将 $10\mu$g 基因组 DNA 转移到膜上,并与长度为几百个核苷酸的探针杂交,曝光过夜,则可检测出哺乳动物基因组中 1kb 大小的单拷贝序列。

将 DNA、RNA 从凝胶中转移到固相支持物尼龙膜上的方法有以下 3 种:

1. 毛细管转移。本方法由 Southern 发明,故又称为 Southern 转移(或印迹)。毛细管转移方法的优点是简单,不需要用其他仪器;缺点是转移时间较长,转移后杂交信号较弱。

2. 电转移。将 RNA、DNA 变性后可电转移至带正电荷的尼龙膜上。该法的优点是不需要脱嘌呤/水解作用,可直接转移较大的 DNA 片段;缺点是转移中电流较大,温度难以控制。通常只有当毛细管转移和真空转移无效时才采用电转移。

3. 真空转移。有多种真空转移的商品化仪器,它们一般是将尼龙膜放在真空室上面的多孔屏上,再将凝胶置于膜上,缓冲液从上面的一个贮液槽中流下,洗脱出凝胶中的 DNA,使其沉积在膜上。该法的优点是快速,在 30min 内就能从正常厚度(4～5mm)和正常琼脂糖浓度

（<1%）的凝胶中定量地转移出来。转移后得到的杂交信号比毛细管转移强 2～3 倍;缺点是如不小心,会使凝胶碎裂,并且在洗膜不严格时,其背景比毛细管转移要高。

**(一)设备**

电泳仪,电泳槽,塑料盆,紫外交联仪,同位素检测仪,紫外凝胶分析仪,磷屏及 Typhoon 9200 扫描仪或放射自显影盒及 X-光片,杂交管,杂交炉,水浴锅,水平摇床等。

**(二)材料**

待检测的 DNA,限制性核酸内切酶,琼脂糖,已标记好的探针,尼龙膜,滤纸等。

**(三)试剂**

1. 10mg/ml 溴化乙锭(EB)。

2. 50×Denhardt 溶液:5g Ficoll-40,5g PVP,5g BSA,加水至 500ml,过滤除菌后于 −20℃储存(该试剂已商品化)。

3. 10% SDS。

4. 预杂交溶液(10ml)(此体系为 Denhardt 杂交体系,也可用磷酸体系):

| | |
|---|---|
| dd $H_2O$ | 5.4ml |
| 20×SSC | 3ml |
| 50×Denhardt 溶液 | 1ml |
| 10% SDS | 0.5ml |
| 10mg/ml 鲑鱼精 DNA | 100μl |

注:鲑鱼精 DNA 沸水变性 5min,取出后立即置冰上 5min,之后加入杂交管中。

5. 杂交溶液:预杂交溶液中加入变性探针即为杂交溶液。

6. 0.25mol/L HCl 溶液。

7. 变性溶液(0.5mol/L NaOH,1.5mol/L NaCl):87.75g NaCl,20.0g NaOH 加水至 1L。

8. 中和溶液:1.5mol/L NaCl,0.5mol/L Tris·HCl,pH 7.0。

9. 20×SSC:3mol/L NaCl,0.3mol/L 柠檬酸钠,用 5mol/L NaOH 溶液调 pH 至 7.0。

10. 10mg/ml 鲑鱼精 DNA。

**(四)操作步骤**

1. 酶切:约 50μl 体积中用 1～3 个在目标基因内不存在的限制性核酸内切酶在 37℃水浴锅中酶切 5～10μg 的 DNA 12～24h;其间可以取 1～2μl 酶切产物电泳,分析酶切效果,可根据酶切情况添加内切酶量和延长酶切时间。为了防止水分蒸发到管盖上而影响酶切体系,每隔 2h 离心甩一下。

2. 电泳:酶切完全产物在含 EB 的 0.8%琼脂糖凝胶中低电压(<1V/cm)电泳 12～18h,电泳结果在紫外凝胶分析仪上拍照。

3. 凝胶处理:

(1)用锋利的刀片切去多余的胶,切角作记号,并测量、记录胶的长和宽。

(2)将琼脂糖凝胶放入 0.25mol/L HCl 溶液中,水平摇床上温和摇动 15min,用去离子水稍稍漂洗(部分脱嘌呤作用)。

(3)在含 0.5mol/L NaOH,1.5mol/L NaCl 的变性液中温和摇动 30min(水解脱嘌呤部位的磷酸二酯键)。

(4)在含 0.5mol/L Tris·HCl,1.5mol/L NaCl 的中和液中缓慢水平转动 30min。

(5)用灭菌的去离子水稍稍漂洗,随后将胶浸泡于数倍体积的中和缓冲液中,于室温下温和水平转动 30min,更换中和液后继续水平转动 15min。

4. 转膜:

(1)毛细管转移:

①在处理胶的同时处理尼龙膜和滤纸:戴上一次性塑料手套,用干净的剪刀剪一张大小与胶一样的尼龙膜。将膜在放有 dd $H_2O$ 的陶瓷盘中由下而上完全湿润,然后将其浸泡在 $20\times$ SSC 转移缓冲液中至少 5min。同时剪大小和膜一致的 3 张 Whatman 滤纸,并裁同样大小的吸水纸若干。

②从中和液中取出胶,将胶翻转使其背面向上,把胶放于预先搭好的铺有一大张滤纸的盐桥上,用玻璃棒来回滚动驱赶滤纸和胶之间的气泡。

③用 Parafilm 围绕胶,阻止短路。

④在胶上放置湿润的尼龙膜,用玻璃棒来回滚动驱除膜与胶间的气泡。

⑤用 $20\times$SSC 浸湿剪好的 3 张滤纸,湿润的滤纸放在尼龙膜上,赶尽气泡。

⑥上方覆盖 5～8cm 高的大小与膜一样的一叠吸水纸,吸水纸上放一玻璃板,并在其上放约 500g 的重物。

⑦中途当吸水纸变湿时注意换纸,简单的核酸转膜 2～3h 已足够,但对于基因组 DNA 转膜需 16～24h。在毛细现象的作用下 DNA 和 RNA 中带负电荷的磷酸基团易与膜表面的正电荷的氨基结合。

⑧转移完毕,取下尼龙膜,标记好正反面、加样孔方向及膜的上下,用 $6\times$SSC 溶液浸泡 5min,并轻轻晃动膜去除膜上碎胶,在干净滤纸上室温晾干 20～30min。

(2)真空转移(在核酸真空转移仪上完成):

①按 45°角将膜缓慢浸入 dd $H_2O$ 中润湿,然后将膜和滤纸在 $20\times$SSC 转移液中浸透。

②保证多孔真空板齐平地放在真空转移槽中。将浸湿的滤纸放在多孔真空板上,滤纸铺放的位置与窗口一致,再放上膜,去除气泡。

③用水将水槽密封圈(Reservoir Seal O-ring)浸湿。

④放上窗口,保证窗口完全覆盖密封圈。同时,确保膜和窗口交叠,并尽量对齐。

⑤轻轻放上胶,正面朝上,与窗口交叠,赶尽气泡。作最后一次检查。

⑥装密封架,锁定。

⑦略旋松真空泵调节钮。

⑧启动真空泵,慢慢调节真空度到 5。

⑨用戴手套的手指轻轻压胶和窗口交叠的地方,使胶和窗口紧密结合。

⑩倒入 1000～1500ml 转移液($10\times$SSC),使胶浸透防止胶漂浮。如果漂浮,则从第 5 步开始重做。

⑪放上盖子,转移 90min。随时检查缓冲液水平和真空度。

⑫转移完毕,取下尼龙膜,标记好正反面、加样孔方向及膜的上下,用 $6\times$SSC 溶液浸泡 5min,并轻轻晃动膜去除碎胶,在干净滤纸上室温晾干 20～30min。

5. 紫外交联:膜正面向上放于核酸紫外交联仪中,能量"1200"紫外交联。或膜夹在两种滤纸中,在 80℃烤箱中烘烤 2h。交联好的膜用 2 张滤纸包裹后用保鲜膜包好,4℃保存待用或 −20℃以下长期保存。

紫外交联的原理:紫外照射使 DNA 和 RNA 的一小部分胸腺嘧啶残基与膜表面带正电荷的氨基之间形成共价交联,而过量照射将导致大部分胸腺嘧啶共价结合于膜而降低杂交信号。

6. 预杂交:将尼龙膜放入装有 6×SSC 溶液的小陶瓷盘中完全浸润,用玻璃棒把膜放入装有 50ml 6×SSC 溶液的杂交管中(注意膜的反面与杂交管的玻璃接触,膜与膜不能重叠),并用干净玻璃棒驱除膜与管壁间的气泡,倒去管内的液体后倒入 68℃预热的预杂交液,68℃杂交炉中预杂交4~6h。

7. 探针制备:在预杂交的同时制备同位素标记探针(参见本章第一节),常用随机引物标记法标记探针。探针煮沸变性 5min 后放冰上 5min。

8. 杂交:装有变性探针的离心管在离心机上甩一下,用 $200\mu l$ 移液枪吸取 $50\mu l$ 变性探针。将移液枪竖直插入杂交管,直接打入预杂交液中,盖好盖子后立即用手滚动杂交管混匀,重新放回杂交炉,68℃杂交 16~24h。

9. 洗膜:

(1)杂交结束后,取出杂交管,将杂交液倒入废液缸,加入 100~500ml 含 0.2% SDS 的 2×SSC,60℃洗膜 10min。重复洗膜一次。

(2)加入 100~500ml 含 0.1% SDS 的 1×SSC,60℃洗膜 10min。取出膜,放于吸水纸上,并用吸水纸把其表面的液体吸干,用手提式同位素检测仪探测膜背景(没有 DNA 的膜区域)的信号强弱,当背景信号在 20cpm 以下时即可压磷屏,如果信号较强的话,需继续进行下一步的洗涤。

(3)加入 100~500ml 含 0.1% SDS 的 0.5×SSC,60℃洗膜 10min。用同位素检测仪检测洗膜效果,如果背景信号还较强的话,可以重复此步 1~2 次。

10. 压磷屏及信号扫描:用长镊子取出尼龙膜,放在防辐射的挡板前的滤纸上吸干;将吸干的尼龙膜正面朝下放在保鲜膜上,用保鲜膜包好后再将尼龙膜翻转,使尼龙膜正面朝上放入磷屏框内,压上磷屏(磷屏使用前提前 30min 清屏)。根据检测的信号强弱大致确定曝光时间,一般 2~3h 后取出磷屏,用 Typhoon 9200 扫描仪扫描,检测放射性信号。如信号较弱(表现为杂交条带较淡),可清屏后重新压磷屏曝光过夜。如果背景太黑的话,可以把膜取出重新洗膜 1~2 次,然后再压磷屏和信号扫描。

**(五)注意事项**

1. 进入同位素房前,应穿好白大褂,戴上口罩,手套戴两层,先戴乳胶手套再戴上 PE 手套,手腕处用橡皮圈套牢,并在白大褂口袋里多装几副 PE 手套备用。

2. 因同位素房常有其他实验室人员使用,进入前应用同位素检测仪仔细检测房间各处是否有同位素污染,如有同位素污染,同位素检测仪指针会迅速转动,并发出劈劈啪啪的叫声。另外,还需检测加同位素的移液枪,注意枪身及枪的前端是否受到污染。污染的部位须及时清除。

3. 每次受到污染的手套、垫子、纸张、枪头等小物件均需裹成一团后放在防辐射的废物框内,严禁乱放。

4. 每次洗膜后均需用同位素检测仪检测信号的强弱,及时调整洗液的浓度和洗膜时间,防止信号被过度洗脱。

5. 压屏时需一次成功,否则容易使杂交条带模糊。必须注意膜正反面的摆放,切记需正面朝上。

6. 上述 Southern blot 杂交采用 Denhardt 氏体系,但 Southern blot 杂交也可采用 Northern blot 杂交的磷酸体系,其试剂配制和费用较低,笔者推荐用磷酸体系进行 Southern blot 杂交。

7. 探针的洗脱:杂交后的膜放入含 0.1% SDS 的 0.1×SSC 洗脱液中,洗脱液从室温加热到 80℃后 80r/min 下洗 30min,用同位素检测仪检测信号,换洗脱液 1~2 次,一直洗到没有信号为止。包膜压磷屏 10h,用 Typhoon 9200 扫描仪检测信号,应没有任何信号,此膜可再次杂交,同一张膜可以重复杂交 10 次以上。

### 二、Northern blot

Northern blot 与 Southern blot 很相似,主要区别是被检测对象为 RNA,其电泳在变性条件下进行,以去除 RNA 中的二级结构,保证 RNA 完全按分子大小分离。变性电泳主要有 3 种,即乙二醛变性电泳、甲醛变性电泳和羟甲基汞变性电泳,其中甲醛变性电泳最常用。电泳后的琼脂糖凝胶用与 Southern blot 转膜相同的方法将 RNA 转移到尼龙膜上,然后与同位素或非同位素标记的探针杂交。

**(一)设备**

电泳仪,电泳槽,塑料盆,紫外交联仪,同位素检测仪、磷屏及 Typhoon 9200 扫描仪或放射自显影盒及 X-光片,杂交管,杂交炉,水平摇床等。

**(二)材料**

待检测的 RNA 及制备好的探针,尼龙膜,滤纸等。

**(三)试剂**

1. 10×MOPS 缓冲液:20.93g MOPS,3.4g NaAc,1.86g EDTA,加 DEPC 水至 500ml,用 NaOH 调 pH 至 7.0,黑暗保存。

2. 电泳缓冲液:1×MOPS。

3. 5×上样缓冲液:16μl 饱和溴酚蓝,80μl 500mmol/L EDTA(pH 8.0),720μl 37% 甲醛,2ml 100% 甘油,3084μl 甲酰胺,4ml 10×MOPS,加水至 10ml。

4. 20×SSC。

5. 1mol/L 磷酸缓冲液:142g $Na_2HPO_4$,加去离子水至 980ml 溶解,用 $H_3PO_4$ 调 pH 至 7.2,加 DEPC 至 0.1% 终浓度,定容至 1L,混匀后 37℃放 12h,高压灭菌。

6. 磷酸体系预杂交液(10ml):

| 试剂 | 母液 | 终浓度 |
| --- | --- | --- |
| 1mol/L $Na_2HPO_4$ 缓冲液 | 5ml | 0.5mol/L |
| 0.5mol/L EDTA | 0.02ml | 1mmol/L |
| BSA | 0.1g | 1% |
| 20% SDS | 3.5ml | 7% |
| DEPC 水 | 1.5ml | |

**(四)操作步骤**

1. RNA 甲醛琼脂糖凝胶变性电泳:

(1)电泳槽、胶盒和梳子的处理:2mol/L 氢氧化钠溶液浸泡 1h,3% 双氧水浸泡 30min,DEPC 水彻底冲洗,备用。

（2）变性胶的制备：称取 1.5g 琼脂糖，加 93.15ml DEPC 处理 $H_2O$，微波炉煮沸溶解，待冷却到 60℃ 左右，加入 30ml 5×MOPS 电泳缓冲液、26.85ml 37% 甲醛及 $2\mu l$ 10mg/ml EB，摇匀后制胶，待胶凝固后即可用于电泳。

（3）预电泳：将凝胶预电泳 15～30min，电压为 5V/cm。

（4）样品处理及其上样：取 10～20$\mu g$ RNA，以 RNA 与 5×上样缓冲液 4：1 的比例混合后 70℃ 水浴变性 10min，立即冰浴 5min 后上样到已预电泳的胶上。

（5）电泳：3～4V/cm 电压下电泳，待溴酚蓝迁出凝胶 2/3 处时结束电泳。

（6）电泳后在紫外灯下观察结果，拍照记录。

2. 转膜：

（1）电泳结束后凝胶用 DEPC 水淋洗数次以除去甲醛，然后将凝胶浸泡于盛有 20×SSC 的陶瓷盘中，室温下缓慢摇动 20min；切去无用部分的胶，切左上角做标记。

（2）厚层析滤纸搭盐桥，倒入 20×SSC，上面再放一大张滤纸，去除气泡。

（3）剪与凝胶同样大的尼龙膜，浮于去离子水中完全湿透，用 20×SSC 浸泡 5min，切去一角，做标记。

（4）凝胶正面朝下置于盐桥滤纸中央，驱除气泡，用 Parafilm 封胶周围，防止短路。

（5）胶上方置湿润尼龙膜，驱除气泡，用 20×SSC 浸湿两张与凝胶同样大小的滤纸并置于膜上方，驱除气泡。

（6）与胶大小一样的一叠吸水纸放于上述滤纸上方，吸水纸上放一玻璃板，并在其上放约 500g 的重物，转移 16～20h。

（7）转移结束后，翻转尼龙膜，用铅笔在尼龙膜上标记加样品的位置及正反面和膜上下。

（8）尼龙膜于 6×SSC 中漂洗 5min，除去膜上碎胶，取出膜置于滤纸上吸干，在干净滤纸上室温晾干 20～30min。

3. 紫外交联：膜正面朝上，能量"1200"紫外交联，或夹于两滤纸间，80℃ 烘烤 2h，交联好的膜用 2 张滤纸包裹后用保鲜膜包好，4℃ 保存待用或 −20℃ 以下长期保存。

4. 预杂交：杂交管内加入 50ml 的 0.5mol/L $Na_2HPO_4$ 缓冲液，把已用 0.5mol/L $Na_2HPO_4$ 缓冲液湿润的尼龙膜正面朝上放入杂交管，并使管壁与膜之间没有气泡，倒干 0.5mol/L $Na_2HPO_4$ 缓冲液，加入已 65℃ 预热的预杂交液，在杂交炉中 65℃、50r/min 条件下预杂交 4～6h。

5. 探针制备：在预杂交时，同时制备同位素标记探针（参见本章第一节），常用随机引物标记法标记探针。探针煮沸变性 5min 后放冰上 5min。

6. 杂交：装有变性探针的离心管在离心机上甩一下，用 200$\mu l$ 移液枪吸取 50$\mu l$ 变性探针。将移液枪竖直插入杂交管，直接打入预杂交液中，盖好盖子后立即用手滚动杂交管混匀，重新放回杂交炉，65℃ 杂交炉中杂交 16～24h。

7. 洗膜：将膜从杂交液中取出，放入有预热洗液的洗液盒中，洗液分别为 2×SSC＋0.1% SDS、1×SSC＋0.1% SDS、0.5×SSC＋0.1% SDS，55℃ 下分别洗膜，每洗 5～10min 用手提式同位素检测仪测一下信号强度，具体洗涤次数和洗涤时间视不同信号强度而定。当背景信号在 10～20cpm 以下时即可压磷屏。

8. 压磷屏及信号扫描：用长镊子取出尼龙膜，放在防辐射的挡板前的滤纸上吸干；将吸干的尼龙膜正面朝下放在保鲜膜上，用保鲜膜包好后再将尼龙膜翻转，使尼龙膜正面朝上放入磷屏框内,压上磷屏。根据检测的信号强弱大致确定曝光时间,20～100cpm 的信号压屏约 2～4h,20cpm 以下的信号压屏过夜。取出磷屏,用 Typhoon 9200 扫描仪扫描,检测放射性信号。如信号较弱(表现为杂交条带较淡),可清屏后重新压磷屏更长时间。如果背景太黑,可以把膜取出重新洗膜 1～2 次,然后再压磷屏和信号扫描。

### (五)注意事项

1. 如果琼脂糖浓度高于 1%,或凝胶厚度大于 0.5cm,或待分析的 RNA 大于 2.5kb,转膜前需用 0.05mol/L NaOH 溶液浸泡凝胶 20min,部分水解 RNA 并提高转膜效率。浸泡后用经 DEPC 处理的水淋洗凝胶,然后将凝胶浸泡于盛有 20×SSC 的陶瓷盘中,室温下缓慢摇动 20min。

2. 上述 Northern blot 杂交采用磷酸体系,但 Northern blot 杂交也可以采用 Southern blot 杂交的 Denhardt 氏体系,笔者推荐用磷酸体系进行 Northern blot 杂交。

3. 探针的洗脱:杂交后的膜放入含 0.1% SDS 的 0.1×SSC 洗脱液中,洗脱液从室温加热到 80℃后 80r/min 下洗 30min,用同位素检测仪检测信号,换洗脱液 1～2 次,一直洗到没有信号为止。包膜压磷屏 10h,用 Typhoon 9200 扫描仪检测信号,应没有任何信号,此膜可再次杂交,同一张膜可以重复杂交 10 次以上。

4. 所有的试剂均应用 DEPC 处理水配制。

5. 洗膜的时间和温度要小心控制,经常用同位素检测仪测定信号强度。必须保证膜的背景信号强度小于 20cpm;当背景信号很低而杂交信号还较高的时候,应用高严谨度洗膜。

6. 标记用的探针的 DNA 量最好控制在 50～80ng,过多、过少均会影响探针的标记效率。

7. 当几张膜放在一个杂交盒的时候,杂交液不能太少,必须保证膜与膜之间相互流动,且不让膜干。

8. 用杂交管杂交的时候,必须保证膜与管壁之间没有气泡,且膜不能重叠。

9. 另外,同位素的质量和纯度对信号强度及标记效率有很大的影响。

### 三、小 RNA(small RNA)Northern blot 杂交

RNA 沉默(RNA silencing)是一种普遍存在于线虫、真菌、动物和植物四界真核生物体内,发生在 RNA 水平的基于核酸序列特异性的相互作用来抑制基因表达的一种调控机制。在植物体内也称为转录后基因沉默(post transcriptional gene silencing,PTGS),在动物体内称为 RNA 干扰(RNA interference,RNAi),而在真菌内则称为基因压制(gene quelling)。RNA 沉默主要存在 2 类生物学效应:一类是指对病毒、转基因和转座子等外来入侵核酸序列特异性的 RNA 降解;另一类是对内源 mRNA 转录和翻译的调控。大量研究已表明双链(ds)RNA 是 RNA 沉默启始的关键分子,dsRNA 的大量积累诱导 RNA 沉默的启始。dsRNA 首先被降解为不同长度的小 RNA,然后这些小 RNA 整合入 RNA 诱导的沉默复合体(RNA-induced silencing complex,RISC),并引导 RISC 降解同源 mRNA。研究发现,dsRNA 是被称为 Dicer 的 RNA 酶Ⅲ样的核酸酶降解的,其降解产物分为两类:一类是 19～24nt 的单链(ss)小 RNA(micro-RNA,miRNA),其是从内源的 hairpin RNA 前体降解而来;另一类是 3′端具有 2nt 突出的 19～26nt 的双链(ds)小干扰性 RNA(small interfering RNA,siRNA)。miRNA 在发育、抗感染、疾病中起着重要的作用,siRNA 的主要功能是介导对转座子、转基因和病毒等的降解。miRNA 和 siRNA 统称小 RNA。

**(一)设备**

蛋白电泳仪,塑料盆,紫外交联仪,杂交管,杂交炉,半干转移仪,水平摇床,磷屏及 Typhoon 9200 扫描仪或放射自显影盒及 X-光片等。

**(二)材料**

待检测的小 RNA,合成的寡核苷酸,尼龙膜,滤纸等。

**(三)试剂**

1. DEPC 水。

2. 30% PEG:30g PEG,定容到 100ml DEPC 水中。

3. 5mol/L NaCl 溶液。

4. 70%乙醇。

5. SequaGel Concentrate:237.5g Acr,12.5g Bis,7mol/L Urea,定容至 1L。

6. SequaGel Diluent:7mol/L Urea。

7. SequaGel Buffer:0.89mol/L Tris-Borate,20mmol/L EDTA(pH 8.3),7mol/L Urea。

8. 5×TBE:54g Tris,27.5ml 硼酸,20ml 0.5mol/L EDTA(pH 8.0),定容至 1L。

9. TEMED。

10. 10%过硫酸铵。

11. SYBR® Gold nucleic acid gel stain 染色液:Invitrogen 公司产品。

12. 2×上样缓冲液(小 RNA 上样缓冲液):1mmol/L EDTA(pH 8.0),0.25%溴酚蓝,0.25%二甲苯氰,50%甘油。

13. [γ-$^{32}$P]ATP。

14. T4 多聚核苷酸激酶。

15. siRNA 预杂交液:5g BSA,250ml 1mol/L Na$_2$HPO$_4$(pH 7.2),75ml 甲酰胺,1ml 0.5mol/L EDTA(pH 8.0),175ml 20% SDS,总体积为 500ml。

16. 20×SSC。

**(四)操作步骤**

1. 用 Trlzol 试剂提取样品的总 RNA。

2. 大小 RNA 的分离:

(1)取 308μl 总 RNA,加 70μl 30% PEG 6000 和 42μl 5mol/L NaCl 溶液,混匀后冰上放置 20min。

(2)12000r/min 离心 10min,沉淀为大 RNA,70%乙醇洗涤 2 次后可用于一般 mRNA 的 Northern blot 分析,NanoDrop 紫外仪测定浓度后放－70℃保存或直接用于 Northern blot 分析。

(3)上清为小 RNA,每管加 1ml 无水乙醇,－20℃放置 20min。

(4)12000r/min 离心 15min,沉淀用 1ml 70%乙醇洗涤,12000r/min 离心 5min,去上清,再 12000r/min 离心 1min,彻底去上清,室温干燥后加入 30μl DEPC 处理水溶解。放－70℃保存或直接用于小 RNA 的 Northern blot 分析。

3. 小 RNA 的尿素变性电泳:

(1)垂直电泳槽和梳子等用 DEPC 处理水彻底冲洗干净后备用。

(2)15%变性胶的制备:每 100ml 中加 SequaGel Concentrate 60ml,SequaGel Diluent

30ml,SequaGel Buffer 10ml,加入 40μl TEMED 混匀,再加入 0.8ml 10%过硫酸铵,混匀后灌胶,插入梳子,待胶凝固后可用于电泳。

（3）上样:取 siRNA 20μl(15μg 左右)与 15μl 2×上样缓冲液混匀后 94℃变性 3min,置冰上 5min 后点样。

（4）电泳:300V 电泳 3h 左右,溴酚蓝迁移到凝胶的底部时电泳结束,切除上下多余胶。

（5）室温水平摇床上,胶用 1×TBE 稀释 5000 倍的 SYBR® Gold nucleic acid gel stain 染色液中染色 15min,在紫外灯下拍照。

4.小 RNA 的转膜及紫外交联:

（1）胶用半干转移仪(Bio-Rad,TRANS-BLOT® SR SEMI-DRY TRANSFER CELL)进行转膜:剪大小与胶一样的转膜滤纸 2 张、尼龙膜 1 张,并用 1×TBE 浸润它们;一张转膜滤纸放在半干转移仪载物台上,其上放尼龙膜,胶用 DEPC 处理水冲洗后放置于尼龙膜上,膜上盖上另一张滤纸,驱除滤纸、膜、胶间的气泡,400mA 转移 45min。

（2）取出转好的膜用 1×TBE 漂洗,用滤纸吸干,室温晾干,放紫外交联仪中能量"1200"紫外交联 1~2 次,滤纸、保鲜膜包好放 4℃冰箱备用。

5.同位素探针合成:可以用本章同位素随机引物合成的方法合成探针,也可以用如下寡核苷酸末端标记的方法合成探针:

（1）在无 RNA 酶的新 1.5ml 离心管中依次加入如下试剂:

| | |
|---|---|
| 10×T4 激酶缓冲液 | 5μl |
| 合成的寡核苷酸(10μmol/L) | 5μl |
| [γ-$^{32}$P]ATP | 5μl |
| T4 多聚核苷酸激酶 | 2μl |
| DEPC 处理水 | 定容至 50μl |

（2）混合后 37℃水浴 1h。

6.小 RNA 的预杂交、杂交、洗膜、信号检测:

（1）用 1×TBE 湿润尼龙膜后,将膜放入杂交管中,排除气泡,有 RNA 的膜面朝管内;加入 10ml 已预热的小 RNA 预杂交液,于杂交炉 40℃预杂交 2h 以上。

（2）将末端标记的寡核苷酸探针加入杂交液中,40℃杂交过夜 16h 以上。

（3）杂交结束后,倒掉杂交液,于杂交管中加入含 0.1% SDS 的 1×SSC 直接在杂交炉中 40℃洗 3 次,每次 10min,需要换洗涤液;用同位素检测仪检测到信号为 5~20cpm 时压磷屏,3 天后用 Typhoon 9200 扫描仪检测放射性信号,如果信号较弱的话,可以延长压磷屏时间至 7 天。

**四、地高辛标记的 Southern blot 杂交**

**(一)设备**

电泳仪,电泳槽,塑料盆,紫外交联仪,杂交管,杂交炉,水平摇床等。

**(二)材料**

待检测的 DNA,尼龙膜,滤纸等。

**(三)试剂**

1. 20×SSC。

2. 10% SDS。

3. Roche 公司产品地高辛标记的 Southern blot Kit：

马来酸缓冲液(0.1mol/L 马来酸,0.15mol/L NaCl,pH 7.5)：11.607g 顺丁烯二酸,8.775g NaCl,用固体 NaOH 调 pH,定容到 1L,高压灭菌。

洗脱缓冲液(washing buffer)：马来酸缓冲液+0.3%(V/V)吐温-20。

5%封闭液：0.5g BSA 溶于 100ml 马来酸缓冲液中。

抗体溶液(antibody solution)：0.5g BSA,100ml 马来酸缓冲液,6.67$\mu$l 抗体。

检测缓冲液(detection buffer)(0.1mol/L Tris·HCl,0.1mol/L NaCl,pH 9.5)：12.1g Tris 碱,5.85g NaCl,调 pH 至 9.5,定容到 1L,高压灭菌。

**(四)操作步骤**

1. DNA 酶切、电泳、转膜、紫外交联操作步骤与同位素的 Southern bot 一样。

2. 探针标记：

(1)随机引物标记：

①模板定量：先用分光光度计测 OD 值,再跑电泳定量模板。

②1$\mu$g 左右的 DNA 模板加灭菌去离子水至 16$\mu$l,沸水中煮 10min,立即放置冰上 5min。

③充分混合 5×DIG-high Primer(vial 1)：含有随机引物、dNTP(DIG-dUTP)、Klenow 酶),并取 4$\mu$l 加入上述变性 DNA 中,混合后离心甩一下。

④37℃水浴锅中孵育标记 12~20h。

⑤标记好的探针在 100℃变性 5min,并迅速置冰上冷却待用。

(2)PCR 探针标记：

| | |
|---|---|
| 10×PCR 缓冲液 | 2.5$\mu$l |
| dNTP(DIG-dTTP) | 2.5$\mu$l |
| Primer 1 | 1.0$\mu$l |
| Primer 2 | 1.0$\mu$l |
| Template | 0.5$\mu$l |
| *Taq* plus 聚合酶 | 0.3$\mu$l |
| dd H$_2$O | 17.2$\mu$l |
| 总体积 | 25$\mu$l |

进行常规 PCR 扩增后,割胶回收产物,100℃变性后放冰上待用。

3. 预杂交、杂交：将尼龙膜放入杂交管,用干净玻璃棒驱除膜与管壁间的气泡,倒入预杂交液,42℃杂交炉中预杂交 4~6h,加入变性过的探针,杂交 16~24h。

4. 洗膜：2×SSC,0.1% SDS,洗 2 次,每次 10min;0.5×SSC,0.1% SDS,洗 10min。洗膜时在 42℃水平摇床上或杂交炉中进行,洗净膜上非特异性结合的探针。

5. 免疫显色检测(所有操作均需要在摇床上摇动)：

(1)洗膜后,在洗脱缓冲液中漂洗 3~5min。

(2)加 100ml 新配制的 1×封闭液封闭 40min。

(3)膜放入 1：20000 以上稀释的 50ml 抗体溶液(AP 酶标的抗地高辛一抗)中,在室温 50r/min 水平摇床上反应 30~60min。

(4)加 100ml 洗脱缓冲液,在水平摇床上洗 5 次,每次 5min,摇床速度约 80r/min。

（5）加 20ml 检测缓冲液洗 2～5min，以平衡 pH 作用。

（6）10ml 新配制的化学生色显色液，滴加时多块膜放在不同容器中，先在条带位置快速地从左到右滴加，以防止显色时间差异。

（7）肉眼观察，当条带出现需要的结果时，用去离子水快速漂洗终止显色反应，拍摄显色结果。

或者在第（5）步后用试剂盒带的发光底物 CSPD 直接加到洗好的膜上，像 Western blot 发光底物成像一样，用感光的数字成像仪如 Imagequant LAS4000 mini 仪成像。发光底物增加检测灵敏度 100 倍以上，故常用发光底物。

# 第三节　杂交反应的条件及参数的优化

不同的反应条件对杂交结果的影响如下：

1. 根据杂交液的体积确定杂交时间。一般来说，使用较小体积的杂交液比较好，因为在小体积溶液中，核酸重新配对的速度快、探针用量少，从而使膜上的 DNA 在反应中起主要作用；但在杂交中必须保证有足够的杂交液覆盖杂交膜。

2. 根据所用的杂交液确定杂交的温度。一般来说，在杂交相为水溶液时，在 65℃ 或 68℃ 杂交，而在 50％甲酰胺溶液中时，则在 42℃ 下杂交。

3. 根据探针与被检测目标之间的同源程度选择清洗的程度，如具有很高的同源性可选用严谨型洗脱方式（高浓度 SSC），反之则选用非严谨型洗脱方式（低浓度 SSC）。洗脱通常在低于杂交体解链温度 12～20℃ 的条件下进行。解链温度（melting temperature，Tm）是指在双链 DNA 或 RNA 分子变性形成分开的单链时光吸收度增加的中点处温度。通常富含 G・C 碱基对的序列比富含 A・T 碱基对的序列的 Tm 值高。

4. 根据标记探针的浓度及其比活性，选择不同的杂交条件及检测方法。一般使用新的同位素可获得较强的信号。

5. 在水溶液中杂交时，用 6×SSC 或 6×SSPE 溶液的效果都一样。但在甲酰胺溶液中杂交时，应该用具有更强缓冲能力的 6×SSPE。

上述这些条件的改变，对杂交的结果有不同的影响，应根据研究的具体情况，选用适当的方法。

# 第十二章　RFLP 和 RAPD 技术

## 第一节　概　述

　　DNA 分子水平上的多态性检测技术是进行基因组研究的基础。自从 1975 年 Crodzicker 等人第一次利用限制片段长度多态性(restriction fragment length polymorphism，RFLP)进行腺病毒血清型突变体基因组作图以来，人们便开始广泛利用 DNA 分子水平上的多态性进行基因组遗传图谱构建、基因定位以及生物进化和分类的研究。同时也发展了越来越多的检测 DNA 分子水平多态性的技术，例如利用数目可变的串联重复序列(variable number tandem repeat，VNTP)、联合扩增测序(coupled amplification and sequencing，CAS)、Satellite DNA 等进行 DNA 分子水平多态性检测方法。RFLP 是根据不同品种的基因组的限制性内切酶的酶切位点碱基发生突变，或酶切位点之间发生了碱基的插入、缺失，导致酶切片段大小发生了变化，这种变化可以通过探针杂交进行检测。

　　1990 年，Williams 等人第一次运用随机引物扩增寻找多态性 DNA 片段作为分子标记，并将此方法命名为随机扩增的多态性 DNA(random amplified polymorphic DNA，RAPD)。尽管 RAPD 技术诞生的时间很短，但由于其独特的检测 DNA 多态性的方式以及快速、简便的特点，使这项技术已渗透于基因组研究的各个方面。

　　RAPD 技术建立于 PCR 技术基础上，它是利用一系列(通常数百个)不同的随机排列碱基顺序的寡聚核苷酸单链(通常为 10 聚体)为引物，对所研究基因组 DNA 进行 PCR 扩增、聚丙烯酰胺或琼脂糖电泳分离、EB 染色或放射性自显影来检测扩增产物 DNA 片段的多态性。这些扩增产物 DNA 片段的多态性反映了基因组相应区域的 DNA 多态性。

　　RAPD 技术所用的一系列引物 DNA 序列各不相同，但对于任一特异的引物，它同基因组 DNA 序列有其特异的结合位点。这些特异的结合位点在基因组某些区域内的分布如符合 PCR 扩增反应的条件，即引物在模板的两条链上有互补位置，且相距引物 3′端在一定的长度范围之内，就可扩增出 DNA 片段。因此，如果基因组在这些区域发生 DNA 片段插入、缺失或碱基突变就可能导致这些特定结合位点分布发生相应的变化，从而使 PCR 产物增加、缺少或发生相对分子质量的改变。通过对 PCR 产物检测即可检出基因组 DNA 的多态性。分析时可用的引物数很大，虽然对每一个引物而言其检测基因组 DNA 多态性的区域是有限的，但是利用一系列引物则可以使检测区域几乎覆盖整个基因组。因此，RAPD 可以对整个基因组 DNA 进行多态性检测。另外，RAPD 片段克隆后可作为 RFLP 的分子标记进行作图分析。

　　本章将学习 RFLP 的酶切，电泳和膜的制作以及 RAPD 技术。探针标记及杂交检测方法请另详见第十一章"核酸分子杂交技术"。

# 第二节　RFLP 技术

## 一、设备

核酸电泳仪及电泳槽,玻璃或塑料板(比胶块略大)4 块等。

## 二、材料

基因组 DNA(大于 50kb,分别来自不同的材料),限制性内切酶($Bam$H Ⅰ,$Eco$R Ⅰ,$Hind$ Ⅲ,$Xba$ Ⅰ)及其 10×限制性酶切缓冲液(不同的酶所使用的缓冲液已由厂家配好),探针, Eppendorf 离心管,0.8% Agarose 凝胶,尼龙膜,滤纸,吸水纸等。

## 三、试剂

1.5×TBE 电泳缓冲液:配方见第一章,使用时稀释成 0.5×或 1×缓冲液。

2.0.25mol/L HCl 溶液。

3.变性液:0.5mol/L NaOH,1.5mol/L NaCl。

4.中和液:1mol/L Tris · HCl,pH 7.5,1.5mol/L NaCl。

5.20×SSC。

6.其他与 Southern blot 分析需要的试剂。

## 四、操作步骤

1. 基因组 DNA 的酶解:

(1)大片断 DNA 的提取详见基因组 DNA 提取实验,要求提出的 DNA 相对分子质量大于 50kb,没有降解。

(2)在 50μl 反应体系中进行酶切反应:

| | |
|---|---|
| 基因组 DNA | 5μg |
| 10×缓冲液 | 5μl |
| 限制酶(任意一种) | 20U |

加 dd $H_2O$ 至 50μl。

(3)轻微振荡混匀,离心甩一下,37℃酶切过夜。

(4)取 5μl 反应液,0.8%琼脂糖凝胶电泳,观察酶切是否彻底,这时不应有大于 30kb 的明显亮带出现。(注意:未酶切的 DNA 要防止发生降解,酶切反应一定要彻底)

2. Southern blot 分析:

(1)酶解的 DNA 跑 0.8%琼脂糖凝胶电泳(可 18V 电泳过夜),EB 染色,紫外分析仪观察。

(2)将凝胶块浸没于 0.25mol/L HCl 溶液中,在水平摇床上脱嘌呤 15min。

(3)取出胶块,用去离子水漂洗,转至变性液(0.5mol/L NaOH,1.5mol/L NaCl)中,水平摇床上变性 30min。

（4）经去离子水漂洗后转至中和液（1mol/L Tris·HCl，1.5mol/L NaCl）中，在水平摇床上 30min，再换中和液 2 次，每次 20min。

（5）预先将尼龙膜、滤纸浸入水中，再浸入 20×SSC 中，用第十一章"核酸分子杂交技术"介绍的毛细管转膜 16～24h。也可用电转移或真空转移。

（6）转移结束后，翻转尼龙膜，用铅笔在尼龙膜上标记加样孔的位置及正反面；尼龙膜于 6×SSC 中漂洗 5min，除去碎胶，取出膜置于滤纸上吸干，在干净滤纸上室温晾干 20～30min。

（7）紫外交联：膜正面朝上，能量"1200"紫外交联，或夹于两滤纸间，80℃烘烤 2h。交联好的膜用 2 张滤纸包裹后用保鲜膜包好，4℃保存待用或−20℃以下长期保存。

（8）预杂交：杂交管内加入 50ml 的 0.5mol/L $Na_2HPO_4$ 缓冲液，把已用 0.5mol/L $Na_2HPO_4$ 缓冲液湿润的尼龙膜正面朝上放入杂交管，并使管壁与膜之间没有气泡，倒干 0.5mol/L $Na_2HPO_4$ 缓冲液，加入已 65℃预热的预杂交液，在 65℃、50r/min 条件下预杂交 4～6h。

（9）探针制备：在预杂交时，同时制备同位素标记探针，具体参照本书第十一章。探针煮沸变性 5min 后放冰上 5min。

（10）杂交：装有变性探针的离心管在离心机上甩一下，用 $200\mu l$ 移液枪吸取 $50\mu l$ 变性探针。将移液枪竖直插入杂交管中，直接打入预杂交液中，盖好盖子后立即用手滚动杂交管混匀，重新放回杂交炉，65℃杂交 16～24h。

（11）洗膜：将膜从杂交液中取出，放入有预热洗液的洗液盒中，洗液分别为：2×SSC＋0.1% SDS、1×SSC＋0.1% SDS、0.5×SSC＋0.1% SDS，60℃下分别洗，每洗 10min 用手提式同位素检测仪测一下信号强度，具体洗涤次数和洗涤时间视信号强度而定。当背景信号在 10～20cpm 以下时即可压磷屏。

（12）压磷屏、信号扫描及结果分析。

# 第三节　RAPD 技术

## 一、设备

PCR 仪，PCR 管，核酸电泳装置等。

## 二、材料

不同来源的 DNA（50ng/$\mu$l）等。

## 三、试剂

1. 随机引物（10 聚体）（5$\mu$mol/L）：购买成品。

2. *Taq* 酶：购买成品。

3. 10×PCR 缓冲液：购买成品。

4. 25mmol/L $MgCl_2$。

5. dNTP：每种 2.5mmol/L。

### 四、操作步骤

1. 在 PCR 管中依次加入下列试剂：

| | |
|---|---|
| 模板 DNA | $1\mu l(50ng)$ |
| 随机引物 | $1\mu l$(约 5pmol/L) |
| 10×PCR 缓冲液 | $2.5\mu l$ |
| $MgCl_2$ | $2\mu l$ |
| dNTP | $2\mu l$ |
| *Taq* 酶 | $0.15\mu l$ |

加 dd $H_2O$ 至 $25\mu l$,混匀稍离心。

2. 在 PCR 仪中 94℃预变性 2min,然后 94℃变性 45s,36℃复性 1min,72℃延伸 1min,共 40 轮循环,最后 72℃延伸 10min。

3. 取 PCR 产物 $15\mu l$,加 $3\mu l$ 6×核酸上样缓冲液,混匀,2%琼脂糖凝胶上电泳,稳压 50～100V 电泳。

4. 电泳结束,观察、拍照、分析结果。

### 五、注意事项

1. 电泳时一般 RAPD 带有 5～15 条,大小 0.1～2.0kb。
2. 特异性的 DNA 带可以克隆作为一个新的分子标记应用。

# 第十三章　基因的原核表达技术

# 第一节　概　述

蛋白的原核表达系统由原核表达寄主菌及原核表达质粒组成,严格意义上还包括培养基、诱导剂等表达诱导条件。原核表达系统具有简单、快速、廉价、高产量、易纯化等优点,因此,该表达系统成为高效表达异源蛋白最常用的表达系统。但原核表达系统也有它的缺点,如产物多以包涵体形式存在、表达产物不能像真核表达那样进行糖基化、磷酸化、甲基化等修饰、有些原核表达产物没有生物活性。

原核基因的表达方式有多种,一些常见的表达方式如下:

1.组成型表达:表达载体的启动子为组成型启动子,即可以一直不停地表达目的蛋白的表达方式,如 pMAL 系统的一些载体。

2.诱导表达:表达载体采用诱导型启动子,只有在诱导剂存在的条件下才能表达目的蛋白。诱导表达有助于避免菌体生长前期高表达外源基因而对菌体生长的影响,又可减少菌体蛋白酶对目标蛋白的降解。

3.分泌表达:在起始密码子和目的基因之间加入信号肽,可以引导表达蛋白穿越细胞膜,通常这种分泌只是分泌到细胞膜和细胞壁之间的周质空间,可避免表达产物在细胞内的过度累积而影响细胞生长,也可避免形成包涵体,且表达产物是可溶的活性状态而不需要蛋白复性。

4.可溶性表达:大肠杆菌表达的蛋白是可溶于水的表达方式,是正常折叠的有活性的蛋白。

5.融合表达:表达载体的多克隆位点前和(或)后有一段融合表达标签(Tag),表达产物为外源基因和标签的融合蛋白(分 N 端或者 C 端融合表达)。一般对于特别小的基因片段建议用较大的 Tag,如谷胱甘肽 S 转移酶(GST)、麦芽糖结合蛋白(MBP)以获得稳定表达;而一般的基因多选择小 Tag 以减少对目的蛋白的影响,如 $6\times His\cdot Tag$ 是最广泛采用的小 Tag。融合表达具有多方面的优点,如防止包涵体的形成、促进蛋白质的正确折叠、抑制蛋白酶解及方便纯化、检测。

RNA 聚合酶以很高的亲和性结合在基因调控区域的特定位子,这个特定位子是 DNA 链上一段能与 RNA 聚合酶结合并起始 RNA 合成的序列叫启动子。原核启动子是由两段彼此分开且又高度保守的核苷酸序列即 $-10$ 区和 $-35$ 区组成。在转录起始位点上游 $5\sim10bp$ 处,有一段由 $6\sim8$ 个碱基组成的富含 A 和 T 的区域,称为 TATA 盒或 $-10$ 区。在距转录起始位点上游 35bp 处,有一段由 10bp 组成的区域,称为 $-35$ 区。转录时大肠杆菌 RNA 聚合酶识别并结合启动子。$-35$ 区与 RNA 聚合酶 S 亚基结合,$-10$ 区与 RNA 聚合酶的核心酶结合。

细菌 RNA 聚合酶不能识别真核基因的启动子,因此原核表达载体所用的启动子必须是原核启动子。

原核生物 mRNA 在起始密码子 AUG 上游的 9~13 个核苷酸有一段可与核糖体结合的、富含嘌呤的 3~9 个核苷酸的共同序列,一般为 AGGA,称为核糖体结合位点,即 SD 序列。其中能与 rRNA 16S 亚基 3′端互补的 SD 序列对形成翻译起始复合物是必需的,原核表达载体启动子下游都有 SD 序列。

在一个真核基因的 3′端或一个原核操纵子的 3′端往往有特定的核苷酸序列,其具有终止转录功能,这一序列被称为转录终止子,简称终止子(terminator)。对 RNA 聚合酶起强终止作用的终止子在结构上有一些共同的特点,即有一段富含 A/T 的区域和一段富含 G/C 的区域,G/C 富含区域又具有回文对称结构。这段终止子转录后形成的 RNA 具有茎环结构,并且有与 A/T 富含区对应的一串 U。在构建表达载体时,为了稳定载体系统,防止克隆的外源基因表达干扰载体的稳定性,控制转录的 RNA 长度,防止其他启动子的通读,一般都在多克隆位点的下游插入一段很强的核糖体 RNA 的转录终止子。

原核表达载体中常用的启动子如下:Lac 启动子(乳糖启动子)、Trp 启动子(色氨酸启动子)、Tac 启动子(乳糖和色氨酸的杂合启动子)、$P_L$ 启动子(噬菌体的左向启动子)、T7 噬菌体启动子等在原核表达载体中常用。它们具有如下特点:强启动子;待表达基因的产物要占或超过菌体总蛋白的 10%~30%;必须表现最低水平的基础表达活性,即很低的本底表达;启动子具有简便和廉价的可诱导性。

1. Lac 启动子:它来自大肠杆菌的乳糖操纵子,是 DNA 分子上一段有方向的核苷酸序列。乳糖操纵子由阻遏蛋白基因(LacI)、启动基因(P)、操纵基因(O)和编码 3 个与乳糖利用有关酶的基因(Z、Y、A)组成。Lac 启动子受分解代谢系统的正调控和阻遏物的负调控。在葡萄糖减少时,正调控通过效应蛋白 CAP 因子和 cAMP 来激活启动子,促使转录进行,利用乳糖。负调控则是由调节基因 $i$ 产生阻遏蛋白,该阻遏蛋白能与 O 操纵基因结合阻止 RNA 聚合酶的结合而抑制转录。乳糖及某些类似物如异丙基硫代半乳糖苷(IPTG)可与阻遏蛋白形成复合物,使其改变构型,不能与 O 操纵基因结合,从而解除这种阻遏,诱导转录发生。

2. Trp 启动子:它来自大肠杆菌的色氨酸操纵子,其阻遏蛋白必须与色氨酸结合才有活性,阻止转录。当缺乏色氨酸时,该启动子开始转录。当色氨酸较丰富时,该启动子停止转录。β-吲哚丙烯酸可竞争性抑制色氨酸与阻遏蛋白的结合,解除阻遏蛋白的活性,促使 Trp 启动子转录。

3. Tac 启动子:Tac 启动子是一组由 Lac 和 Trp 启动子人工构建的杂合启动子,受 LacI 阻遏蛋白的负调节,它的启动能力比 Lac 和 Trp 强。其中 Tac 1 是由 Trp 启动子的-35 区加上一个合成的 46bp DNA 片段(包括 TATA box,即-10 区)和 Lac 操纵基因构成。Tac 12 是由 Trp 启动子的-35 区和 Lac 启动子的-10 区,加上 Lac 操纵子中的操纵基因部分和 SD 序列融合而成。故 Tac 启动子受 IPTG 的诱导。

4. $P_L$ 启动子:它来自噬菌体早期左向转录启动子,是一种活性比 Trp 启动子高 11 倍左右的强启动子,受温度诱导(45℃)。$P_L$ 启动子受控于温度敏感的阻遏蛋白 cIts857,在低温(30℃)时,cIts857 阻遏蛋白可阻遏 $P_L$ 启动子转录,在高温(45℃)时,cIts857 阻遏蛋白失活,阻遏解除,促使 $P_L$ 启动子转录。

　　5. T7 启动子:它是来自 T7 噬菌体的启动子,具有高度特异性,只有 T7 RNA 聚合酶才能使其启动转录,故可以使基因独自得到表达。这个系统可以高效表达其他系统不能有效表达的基因。但要注意,用这种启动子时大肠杆菌宿主中必须含有 T7 RNA 聚合酶。T7 启动子是当今大肠杆菌表达系统的主流启动子,此功能强大且专一性高的启动子经过巧妙设计而成为原核表达的首选,尤其以 Novagen 公司的 pET 载体系统为杰出代表。

　　T7 启动子完全专一受控于 T7 RNA 聚合酶,而高活性的 T7 RNA 聚合酶合成 mRNA 的速度比大肠杆菌 RNA 聚合酶快 5 倍,当两者同时存在时,宿主本身基因的转录竞争不过 T7 表达系统,几乎所有的细胞资源都用于表达目的蛋白;诱导表达后仅几个小时目的蛋白通常可以占到细胞总蛋白的 50% 以上。

　　待表达的基因克隆于 T7 RNA 聚合酶启动子控制下的 pET 等质粒由于 T7 RNA 聚合酶的存在而表达,而大肠杆菌 RNA 聚合酶并不识别 T7 RNA 聚合酶的启动子,因此在 T7 RNA 聚合酶缺少时克隆在 pET 载体中的基因并不表达。由于大肠杆菌本身不含 T7 RNA 聚合酶,所以需要将外源的 T7 RNA 聚合酶引入宿主菌。噬菌体 DE3 是 lambda 噬菌体的衍生株,含有 *lacI* 抑制基因和位于 lac UV5 启动子下的 T7 RNA 聚合酶基因。原核表达系统的 T7 RNA 聚合酶基因的单个染色体拷贝是由噬菌体 DE3 溶源菌提供的,它含有在 lac(乳糖操纵子)UV5 启动子控制下的基因 *int*⁻ 衍生物。诱导表达对提供基因表达所需的 T7 RNA 聚合酶是一个方便的途径。T7 RNA 聚合酶整合到大肠杆菌染色体中形成溶源状态,只有受 IPTG 诱导的 lac UV5 启动子指导 T7 RNA 聚合酶基因转录,在培养体系中加入 IPTG 诱导 T7 RNA 聚合酶产生,继而质粒上的目的 DNA 开始转录。DE3 溶源化的菌株如 BL21(DE3)就是最常用的表达菌株,构建好的表达载体可以直接转入表达菌株中,诱导调控方式与 Lac 启动子一样都是 IPTG 诱导。因而,T7 RNA 聚合酶的调控模式就决定了 T7 表达系统的调控模式,非诱导条件下,可以使目的基因处于沉默状态而不转录,从而避免目的毒性基因对宿主细胞以及质粒稳定性的影响,即通过控制诱导条件控制 T7 RNA 聚合酶的量,就可以控制基因产物的表达量。T7 溶菌酶是一种 T7 RNA 聚合酶的天然抑制剂。BL21(DE3)pLysS 和 BL21(DE3)pLysE 表达菌株中分别含有 pLysS 和 pLysE 质粒,该质粒能提供 T7 溶菌酶给细菌细胞,即能提供低水平的溶菌酶,进一步抑制重组质粒的本底表达,使表达质粒稳定存在于细菌中,从而使大多数目的基因在 T7 RNA 聚合酶的 T7 lac 启动子控制下获得高水平的诱导表达。BL21(DE3)是大肠杆菌 B 的衍生物,属于 F⁻ 并缺少 *EcoB* 限制-修饰系统、*lon* 蛋白酶和 *ompT* 蛋白酶,这些酶会在表达及纯化过程中降解蛋白。

　　目前,原核表达载体上应用的 T7 启动子是经过人工改造的 T7 lac 启动子,即在紧邻 T7 启动子的下游有一个操纵基因 *lacD* 和一段 lacI 操纵子序列编码表达 lac 阻遏蛋白(lacI),该阻遏蛋白可以作用于宿主染色体上 T7 RNA 聚合酶基因前的 lac UV5 启动子并抑制其表达,也作用于表达载体 pET T7 lac 启动子,以阻断任何 T7 RNA 聚合酶导致的目的基因转录,即不仅 T7 RNA 聚合酶的染色体基因受到抑制,而且在多拷贝 pET 质粒中的目的蛋白启动子也被封阻。因此,可以进一步抑制目的基因的基础表达。而加入 IPTG 后解离了阻遏物,使 T7 RNA 聚合酶和目的基因高水平表达。

　　pET 系列原核表达载体的特性:T7 lac 启动子、IPTG 诱导表达、6×His·Tag、Kam⁺ 或 Amp⁺ 抗性。带有标号而没有字母尾标的 pET 载体(如 pET-3)为转录型载体,在克隆位点的前面并没有翻译起始信号,即没有核糖体结合位点(RBS)和 ATG 起始密码子,如 pET-21

（＋）、pET-23（＋）、pET-24（＋）等载体本身没有核糖体结合位点和起始密码子，外源基因表达时需提供核糖体结合位点和 ATG 起始密码子。那些有字母尾标 a、b 或 c（如 pET-28a、pET-30b、pET-41c）为翻译型载体，其带有高效翻译起始信号，即核糖体结合位点和一个 ATG 起始密码子，可以直接将基因克隆于多克隆位点，可以产生一个融合蛋白。"＋"表示此载体含有噬菌体的 f1 复制起始位点，可产生单链 DNA，是历史遗留产物，目前没有什么作用。

　　一个系列的表达载体含有三个载体，如 pET-28a、pET-28b、pET-28c。pET-28b、pET-28c 与 pET-28a 一样，只是 28b 在多克隆位点的 *Bam*H Ⅰ 在 198 处少 1 个 C 碱基，28c 少 GC 2 个碱基，其目的是无论你的基因是多 1 个碱基还是多 2 个碱基都能找到合适插入载体而使基因的开放阅读框架（ORF）准确，表达蛋白不会移码，即不会改变基因的开放阅读框架。

　　6×His·Tag 融合蛋白常用金属螯合亲和色谱（又称固定金属离子亲和色谱）纯化。其原理是利用蛋白质表面的一些氨基酸，如组氨酸能与多种过渡金属离子 $Ni^{2+}$，$Zn^{2+}$，$Cu^{2+}$，$Co^{2+}$，$Fe^{3+}$ 发生特殊的相互作用，利用这个原理可以把富含这类氨基酸的蛋白质吸附，从而达到分离的目的。由于这个原因，偶联这些金属离子的琼脂糖凝胶就能够选择性地分离出这些含有多个组氨酸的蛋白以及对这些金属离子有吸附作用的多肽、蛋白。半胱氨酸和色氨酸也能与这些金属离子结合，但这种结合力要远小于组氨酸残基与金属离子的结合力。结合蛋白的洗脱有两种方式，即咪唑和 pH 洗脱。咪唑洗脱的条件很温和，尤其适用于天然条件下纯化目的蛋白。洗脱时咪唑浓度范围为 100～250mmol/L，咪唑环结构与 His 相似而导致与 His 残基竞争性地结合 $Ni^{2+}$ 位点，从而导致结合蛋白被竞争下来。His·Tag 融合标签上的组氨酸残基的 $pK_a$ 值约为 6.0，在 pH 值降低（pH 4.5～5.3）时，组氨酸残基质子化，无法与 $Ni^{2+}$ 结合，从而可以通过降低 pH 值洗脱目的蛋白。洗脱条件重复性很高，但针对每个特定 His·Tag 融合蛋白，需要具体摸索确定其最佳纯化条件。单体通常可以在 pH 约为 5.9 时洗脱下来，而聚合物和含有超过一个 His·Tag 标签的蛋白约在 pH 为 4.5 时洗脱。pH 值的降低可能影响纯化的目的蛋白的活性。

　　pGEX 系列原核表达载体 pGEX-4T（5X、6P）-1,2,3 的特性：Tac 启动子、IPTG 诱导表达、N-端 GST·Tag、$Amp^+$ 抗性、含 Thrombin（凝血酶）或 Factor Ⅹa 蛋白酶切位点。

　　来源于日本血吸虫的相对分子质量为 26000 的谷胱甘肽 S 转移酶（GST）是一种蛋白分子伴侣，可增加外源蛋白的可溶性，提高其表达量。小分子的目的蛋白由于与 GST 标签融合表达的融合蛋白相对分子质量变大而不容易降解。GST 融合蛋白的纯化原理：检测和纯化 GST 融合蛋白的关键在于选择能识别并特异性结合 GST 的特定配体，其中 GST 的底物即谷胱甘肽是较佳的候选对象。目的蛋白结合在谷胱甘肽亲和层析柱上后通过高浓度的谷胱甘肽溶液竞争结合融合蛋白达到洗脱纯化的目的。目前 GST 融合表达系统表达的融合蛋白均使用市售的谷胱甘肽亲和层析系统纯化，如 Glutathione-Resin 或 Glutathione-Sepharose 4B 亲和层析柱（GE 公司）。

　　pMAL 系列表达载体是一种高效的蛋白融合表达系统。pMAL 载体含有编码麦芽糖结合蛋白（maltose binding protein，MBP）的大肠杆菌 *malE* 基因，其下游的多克隆位点便于目的基因插入，表达 N 端带有 MBP 的融合蛋白。通过 Tac 强启动子和 *malE* 翻译起始信号使克隆基因获得高效表达，与 MBP·Tag 融合表达极大地提高了蛋白的可溶性，并可利用 MBP 对麦芽糖的亲和性达到用 Amylose 柱对融合蛋白的一步亲和纯化。该载体大小为 6.7kb 左右,载体的宿主菌为 E. coli TB1,氨苄青霉素抗性。MBP 标签较大,约有 48kDa,部分研究中需要去除该标签。pMALTM-p5 和 pMALTM-c5 系列载体经过改良,代替了原有的 pMALTM-p4 和 pMALTM-c4 系列载体,使目的蛋白与 MBP 结合更紧密。同时,它们含有与 NEB 其他表达系统相兼容的多克隆位点。pMAL-c5 系列载体删除了 mal E 信号序列,融合蛋白将在细胞质中表达。pMAL-p5 系列载体含有 mal E 信号序列,它将引导融合蛋白穿越质膜。所有的载体都含有一段特异性蛋白酶识别位点序列,融合蛋白纯化后,通过蛋白酶可将目的蛋白与 MBP 标签切割分离。

pMAL 系统的优势:75% 的蛋白可获得高效表达,蛋白产量可达 100mg/L;与其他几种常用表达系统研究比较,与 MBP 融合表达更能提高 E. coli 表达蛋白的可溶性;采用麦芽糖温和洗脱,无去污剂或变性剂对蛋白活性的影响;可在细胞质或周质中表达(pMAL-p2X 载体),周质表达可提高二硫键的形成,促进蛋白折叠的形成。

MBP 融合蛋白的纯化原理:Amylose 是一种亲和基质,由直链淀粉和琼脂糖构成,可以与带 MBP 标签的融合蛋白特异性结合。目的蛋白结合在 Amylose 树脂上后通过高浓度的麦芽糖溶液竞争结合融合蛋白达到洗脱纯化的目的。

pET 系列及 pGEX 系列载体可在 BL21(DE3)、BL21(DE3)pLysS、提供稀有密码子 tRNA(AUA,AGG,AGA,CUA,CCC 和 GGA 等)的 BL21-CodonPlus(DE3)-RiLp、Rossatta、codonplus(BL21)、RS21 等原核表达的寄主菌中表达,而 pMAL 质粒在 TB1 菌株中表达。

原核表达中可能遇到的问题及注意事项如下:

1.基因特性是影响原核表达的最重要因素。

(1)基因含稀有密码子:可能因基因中稀有密码子而出现无蛋白表达或出现截断蛋白表达。真核细胞偏爱的密码子和原核细胞不一样,因此在原核系统表达真核基因的时候,真核基因的一些密码子对于原核细胞来说是稀有密码子,从而导致表达效率和表达水平很低。Arg(精氨酸)密码子 AGA,AGG,CGG,CGA,Ile(异亮氨酸)密码子 AUA,Leu(亮氨酸)密码子 CUA,Gly(甘氨酸)密码子 GGA 和 Pro(脯氨酸)密码子 CCC 在 E. coli 中很少使用,当异源目的基因的 mRNA 在 E. coli 中表达时,tRNA 的数量直接反映了 mRNA 的密码子偏性。多数氨基酸有不止一个密码子,而不同的生物使用这 61 种密码子的偏爱性不同。每种细胞里,tRNA 种类和数量直接反映了其 mRNA 使用密码子的种类和数量的偏爱性。当外源目的基因 mRNA 在 E. coli 中表达时,由于密码子偏爱性不同,会因为缺乏某种或某几种 tRNA 而直接导致翻译终止或错误。tRNA 不足会造成翻译停顿、早期翻译停止、移码突变和氨基酸突变等问题。一个或多个稀有密码子可能导致翻译的停止,尤其在 N 端。成串或多个稀有密码子时,外源蛋白的表达往往非常低,且产生不完全产物即截断表达产物。含有稀有密码子的基因可以在添加稀有密码子的 tRNA 的菌株(如 BL21-CodonPlus(DE3)-RiLp,Rosetta,RS21 等)中表达,可以大大提高表达蛋白的产量和质量。

目前查找稀有密码子的方法是利用在线稀有密码子分析工具。

大肠杆菌稀有密码子分析网站(E. coli Codon Usage Analyzer 2. 1):http://www. faculty. ucr. edu/~mmaduro/codonusage/usage. htm。多个物种的稀有密码子分析网站:https://www. genscript. com/tools/rare-codon-analysis。

(2)改造基因:优化密码子,重新设计合成基因。遗传密码子有 64 种,但绝大多数生物倾向于利用这些密码子中的一部分,那些被最频繁利用的称为最佳密码子(optimal codons),那些不被经常利用的称为稀有密码子(rare codons)。实际上用作蛋白表达或生产的每种生物，包括大肠杆菌、酵母、植物细胞、昆虫细胞、哺乳动物细胞，都表现出某种程度的密码子利用的差异或偏爱。大肠杆菌、酵母和果蝇中编码丰度高的蛋白质的基因明显避免低利用率的密码子。因此，重组蛋白的表达常常受密码子利用的影响，尤其在异源表达系统中。

利用偏爱密码子而避免稀有密码子可重新合成基因，核酸合成公司可根据你要求的那个表达生物的种类优化基因的密码子。也有密码子优化网站：http://www. jcat. de。赛默飞 GeneArtTM Porject Manager 在线软件优化密码子网站：https://www. thermofisher. com/order/geneartgenes/projectmgmt。

(3)基因 GC 含量影响表达水平：若基因中的 GC 含量超过 70%，可能会降低基因在大肠杆菌中的表达水平。

(4)基因二级结构：在起始密码子附近的 mRNA 二级结构可能会抑制翻译的起始或造成翻译暂停，从而产生不完全蛋白。可用 DNA Star 等软件或在线网站(RNAfold web server：http://rna. tbi. univie. ac. at/cgi-bin/RNAWebSuite/RNAfold. cgi、Mfold：http://www. unafold. org/mfold/applications/rna-folding-form. php)分析 mRNA 转录产物的二级结构。

2. 基因或蛋白的大小：一般来说小于 5kDa 或大于 100kDa 的蛋白均难以表达，蛋白越小越容易被降解，但可以加入融合标签 GST、trxA、MBP 等，对于大于 60kDa 的蛋白建议使用含较小标签的载体，如 $6 \times His \cdot Tag$。

3. 蛋白的亲疏水性：亲水性基因的表达量会较高，但疏水性的基因则难表达，如要表达的蛋白是一个膜蛋白，因其疏水性高而很难表达。可以通过预测蛋白疏水性的网站(http://web. expasy. org/protparam/)分析疏水性膜蛋白的跨膜区是否属于疏水性的。分析膜蛋白的跨膜区网站：http://www. cbs. dtu. dk/services/TMHMM。多种蛋白特性分析网站：http://www. cbs. dtu. dk/services。

解决的办法：表达疏水蛋白的亲水片段，膜蛋白无细胞表达和 Sf9 细胞等真核细胞表达。

4. 信号肽：进入内质网的蛋白质 N 端有一额外的肽段，即基因的 5′端有一段 DNA 序列，编码 5~30 个氨基酸的疏水性肽段，但在成熟的分泌蛋白及膜蛋白中不存在该肽段。基因的信号肽整体上往往是疏水性的，或具有毒性，在表达时应除去。预测信号肽的网站 http://www. cbs. dtu. dk/services/SignalP。

5. 毒性基因：表达蛋白对细菌细胞有毒性时细胞生长困难，加诱导剂后细菌不生长或死亡，说明基因表达产物对细菌细胞有毒。可以低温、低浓度的诱导剂诱导表达，更严格控制本底表达，如用含 pLysS 和 pLysE 菌株表达。

6. 目的 mRNA 和蛋白不稳定而表达量低：可以在 15~25℃诱导表达，低温较长时间的表达有利于蛋白的稳定表达。

7. 重组表达质粒不稳定导致表达量低：羧苄青霉素代替氨苄青霉素，采用低温、高浓度抗生素。

8. 表达蛋白形成包涵体：包涵体是变性的表达蛋白、细菌碎片及细菌核酸组成的致密结构，因蛋白表达过快、表达量过高造成二硫键形成困难而产生。与分子伴侣共表达是一种有效提高蛋白质可溶性和折叠效率的途径，另外可在低温用低浓度的诱导剂诱导表达，控制表达速度。但即便在分子伴侣存在的条件下，仍有多种因素使得过量表达的蛋白不能折叠成其天然构象。这些因素包括缺乏二硫键和/或翻译后修饰的酶。促进二硫键形成的菌株(如带有谷胱甘肽还原酶(gor)突变和/或硫氧还蛋白还原酶(trxB)突变的菌株 Origami、Rosetta-gami 菌株)和改变培养基的 pH 值也可控制包涵体的形成。因此,正确选用合适的载体和宿主菌组合会明显提高目的蛋白可溶部分比例及活性。载体可以通过以下三种方式改善目的蛋白的溶解性或正确折叠:

(1)与本身溶解性高的多肽序列融合表达,例如谷胱甘肽 S 转移酶(GST)、硫氧还蛋白(Trx)及 NusA(N utilization substance A)。

(2)与催化二硫键形成的酶融合表达,例如 Trx、DsbA 及 DsbC。

(3)与信号序列融合表达,输出到细胞周质。如采用蛋白定位于细胞质的表达载体,可选用允许二硫键在胞质中形成的宿主菌株来使目的蛋白正确折叠,如带有 *trxB* 和 *gor* 突变的菌株。

(4)pCold-SUMO 载体是在 pCold 载体基础上改造而成的,该载体 CS 启动子来源于南极嗜冷细菌,在 15℃低温下才能启动蛋白表达。低温下细菌生长缓慢,使蛋白合成速度减慢,从而最大限度地提高蛋白正确折叠水平,提高了蛋白可溶性表达和活性蛋白的表达比例。该载体含有的 SUMO tag 可以极大地提高小分子蛋白的表达量,且进一步提高蛋白的可溶性表达水平。同时,配备的 SUMO Protease(含 6×His 标签)可特异性去除 SUMO tag,从而得到不含任何标签的重组蛋白。TEE 信号肽可增强冷启动子调控下目的蛋白的高表达。BL21(DE3)Chaprone *E. coli* 细菌中含有分子伴侣蛋白质粒,其表达产物可进一步协助重组蛋白正确折叠形成可溶的活性蛋白。氯霉素抗性的分子伴侣蛋白质粒的表达受控于四环素操纵子。

9.培养基也可影响基因的表达:细菌培养基除 LB 外,可用 TB、M9、M9ZB 等培养基,一些公司如 Novagen 公司还提供特殊的培养基。

10.表达菌株影响基因的表达水平:在蛋白原核表达过程中,选择构建一个合适的原核表达系统,需要综合考虑 3 大因素:表达载体、表达菌株、诱导表达条件。表达菌株对外源基因的表达产生很大影响,每一个细菌细胞都像一个微型工厂,按照细胞固有的程序完成你给它们安排的生产任务。若菌株内源的蛋白酶过多,会造成外源表达产物的降解,故一些蛋白酶缺陷型菌株成为理想的表达菌株,如 BL21。不同的表达载体需要配合一定的菌株使用,像 pET 载体一定需要有 T7 RNA 聚合酶基因整合在细菌基因组中的菌株如 BL21(DE3)才可表达。如果构建好的表达载体在一种细菌中不能表达或表达量很低,首先考虑换表达菌株。

大肠杆菌无细胞系表达蛋白系统:无细胞重组蛋白表达系统利用了细菌细胞提取物来完成蛋白表达。该细胞提取物含有 DNA 转录和翻译所需的所有"元件",包括核糖体、蛋白翻译因子、氨酰 tRNA 合成酶、总 tRNA 和蛋白表达所需的其他组分。蛋白表达时需要将模板DNA 与细胞提取液和其他必需的组分(氨基酸、核苷酸、ATP、促溶剂等)混合在一起,30℃2~3h 即可完成蛋白的表达。无细胞重组蛋白表达系统具有如下优点:高通量、快速、能表达膜蛋白和毒性蛋白、能同位素标记蛋白等。

# 第二节 基因的诱导表达及表达产物的分析

## 一、设备

恒温摇床,水平摇床,离心机,超声波细胞破碎仪,蛋白电泳仪,移液枪等。

## 二、材料

原核表达载体及其表达菌等。

## 三、试剂

1. 1mo/L IPTG 储存溶液:0.238mg/ml。
2. LB 液体培养基。
3. 超声波反应缓冲液:50mmol/L Tris·乙酸,pH 7.5,10mmol/L EDTA,5mmol/L DTT,现用现配。
4. 裂解缓冲液(100mmol/L NaH$_2$PO$_4$,10mmol/L Tris·HCl,8mol/L Urea,pH 8.0):15.6g NaH$_2$PO$_4$·2H$_2$O,1.2g Tris,480.5g Urea,用浓盐酸调 pH 至 8.0,定容到 1L。

## 四、操作步骤

1. 参照本书前面的相关章节进行基因克隆、表达载体的构建、载体转化表达菌株。
2. 从平板上挑出 5～10 个单菌落分别接种在 5ml 含相应抗生素的 LB 液体培养基中,37℃摇床培养过夜,约 10～13h。
3. 将过夜培养菌液以 1:100 的比例转接到含相应抗生素的 5ml LB 液体培养基中,37℃摇床继续培养至 OD$_{600}$ 达 0.4～0.6,约 2～3h。
4. 加入 1mol/L IPTG 至终浓度为 0.05～3mmol/L,继续培养 4h。
5. 取 300$\mu$l 菌液,12000r/min 离心 2min,弃上清后用 50$\mu$l 2×SDS-PAGE 上样缓冲液悬浮沉淀,100℃变性 5～10min,12000r/min 离心 5min,上清为总蛋白样品。
6. 取剩余菌液,离心弃上清,加入 5ml 超声波反应缓冲液悬浮沉淀,超声 2s,间隔 3s,超声 5min 后 12000r/min 离心 5min,取 10$\mu$l 上清,加入 10$\mu$l 2×SDS-PAGE 上样缓冲液,100℃变性 5～10min,得可溶部分样品。
7. 用 500$\mu$l 裂解缓冲液悬浮沉淀,取 10$\mu$l,加入 10$\mu$l 2×SDS-PAGE 上样缓冲液,100℃变性 5～10min,得不溶部分样品,即包涵体部分。
8. 上述总蛋白样品、可溶部分样品和包涵体部分样品进行 SDS-PAGE 电泳和以融合标签的抗体为探针进行 Western blot 分析,分析蛋白是否表达、表达蛋白是以可溶性还是以包涵体形式表达,然后进行蛋白的大量诱导表达及纯化。

## 五、注意事项

1. 以转入无插入片断的空表达载体的 BL21 菌为阴性对照,诱导前后的全菌总蛋白样品作对照。

2. 连接的表达载体先转化到 DH5α 中，经 PCR、酶切、测序确认后再转化到 BL21 系列的表达菌中进行诱导表达。

3. 6×His 融合的外源蛋白多在包涵体中表达，如需获得可溶性表达蛋白，可优化培养条件，如降低培养温度（可降低至 19～28℃）、降低 IPTG 浓度等。如无法达到实验要求的表达水平，可考虑改用 GST、TrxA 等融合表达载体。

4. 含有稀有密码子的基因可在宿主菌中添加稀有密码子 tRNA 的菌株（如 rossatta、RS21 等菌株）中表达，蛋白产量可大大提高。

# 第三节　6×His 融合蛋白的大量表达及 8mol/L 尿素变性条件下用镍离子纯化蛋白

## 一、设备

恒温摇床，水平摇床，离心机，超声波细胞破碎仪，蛋白电泳仪，移液枪等。

## 二、材料

原核表达载体及其表达菌等。

## 三、试剂

1. 1mol/L IPTG 储存溶液。
2. 缓冲液 B(pH 8.0)：8mol/L Urea，0.1mol/L $NaH_2PO_4$，0.01mol/L Tris·HCl。
3. 缓冲液 C(pH 6.3)：8mol/L Urea，0.1mol/L $NaH_2PO_4$，0.01mol/L Tris·HCl。
4. 缓冲液 D(pH 5.9)：8mol/L Urea，0.1mol/L $NaH_2PO_4$，0.01mol/L Tris·HCl。
5. 缓冲液 E(pH 4.5)：8mol/L Urea，0.1mol/L $NaH_2PO_4$，0.01mol/L Tris·HCl。
6. $Ni^{2+}$-NTA Agarose。

## 四、操作步骤

1. 基因克隆、表达载体的构建、载体转化表达菌株见本书前面相关章节。

2. 从平板上挑出已确定表达水平高的单克隆菌落接种在 5ml 含相应抗生素的 LB 液体培养基中，37℃摇床培养过夜，约 10～13h。

3. 将过夜培养菌液以 1：100 的比例转接到 100～500ml 含相应抗生素的 LB 液体培养基中，开盖，37℃摇床继续培养至 $OD_{600}$ 达 0.4～0.6，约 2～3h。

4. 经合适的温度和合适浓度的 IPTG 诱导表达 4～12h 后，6000×g 离心 10min 沉淀细菌，彻底去上清。

5. 细菌沉淀用 3～5ml 的缓冲液 B 悬浮后于室温振摇约 40～60min 使菌体充分裂解，可再用超声波破碎，15000×g 离心 10min。

6. 取上清液，加入 0.5～1ml $Ni^{2+}$-NTA Agarose，混匀后于室温、水平摇床上缓慢摇动约 1h。

7. 将混合液装入小柱,室温下让其缓慢下流,所收集液体为 B 洗液。

8. 待液体流尽后用 10ml 缓冲液 C 洗柱 3~4 次,每次 3ml,所接液体可放一起,为 C 洗液。

9. 用 4ml 缓冲液 D 洗柱 4 次,每次 1ml,分 4 管收集,分别为 D1、D2、D3、D4 洗液。

10. 最后用 2ml 缓冲液 E 洗柱 4 次,每次 0.5ml,分 4 管收集,分别为 E1、E2、E3、E4 洗脱液。

11. 上述 B 洗液、C 洗液、D1、D2、D3、D4 洗液,E1、E2、E3、E4 洗脱液跑 SDS-PAGE 电泳分析纯化情况。

12. 纯化的蛋白用 0.01mol/L PBS 透析后−80℃冰箱保存备用。

13. 蛋白的透析及复性:由于纯化的蛋白液中含有高浓度的尿素,需要透析逐步除去尿素并使蛋白复性。在大的烧杯中放满透析液,透析袋中放入纯化的蛋白溶液,透析袋两头用透析夹夹紧,放在 1000ml 透析液中 4℃冰箱搅拌透析。透析液依次为含 6mol/L 尿素的 0.01mol/L PBS、5mol/L 尿素的 PBS、4mol/L 尿素的 PBS、3mol/L 尿素的 PBS、2mol/L 尿素的 PBS、1mol/L 尿素的 PBS、0.5mol/L 尿素的 PBS、PBS,3~4h 换一次透析液,透析后 5000r/min 离心 5min,上清即为复性蛋白。复性蛋白放冰上待用或−80℃冰箱保存备用。

**五、注意事项**

1. 各种缓冲液配好后在短期内使用,时间过长会析出、降解。配好的缓冲液放 4℃冰箱保存。使用前各缓冲液需要重新调 pH 值。

2. 缓冲液 B 和 $Ni^{2+}$-NTA Agarose 的量可根据菌量大小及蛋白表达水平适当调整,菌液浓时多加点,稀时少加些;蛋白表达量高时 $Ni^{2+}$-NTA Agarose 多加些,表达量低时 $Ni^{2+}$-NTA Agarose 少加些。

3. 加缓冲液 B 裂解时要看到菌液基本变成澄清时裂解才完全。

4. 加 $Ni^{2+}$-NTA Agarose 后水平摇床的速度稍慢,大约 40r/min,速度快影响结合,速度慢 $Ni^{2+}$-NTA Agarose 会下沉。

5. 以转入无插入片断的空表达载体的诱导后的 BL21 全菌总蛋白样品作阴性对照。

6. 连接后的表达载体先转化到 DH5α 中,经 PCR、酶切、测序确认后再转化到表达菌株(如 BL21 系列的表达菌)中。

7. 6×His 融合的表达蛋白多以包涵体的形式表达,如需获得可溶表达蛋白,可优化培养条件,即降低表达速度,如降低培养温度(可低至 16~28℃)、降低 IPTG 浓度等。

8. E2 洗脱液为最浓最纯蛋白,免疫动物时一般用此管洗脱液。

9. 纯化好的蛋白须放在−80℃冰箱保存,在−20℃冰箱保存时很易降解。

10. 透析袋的处理:

(1)将透析袋剪成适当大小(10~20cm 长)。

(2)用大体积的 2%(W/V)碳酸氢钠(含 1mmol/L EDTA,pH 8.0)将透析袋煮沸 10min。

(3)用蒸馏水彻底清洗透析袋,备用。

(4)待透析袋冷却后置于 4℃下保存,确保透析袋被浸没在灭菌的去离子水中。拿透析袋时需要戴一次性塑料手套。

(5)在使用前透析袋内外用蒸馏水清洗。

## 第四节　6×His 融合蛋白的大量表达及 6mol/L 盐酸胍 变性条件下用镍离子纯化蛋白

（因不能在 8mol/L 尿素条件下彻底变性而不能纯化的 6×His 融合蛋白的纯化方法）

### 一、设备

恒温摇床,水平摇床,离心机,超声波细胞破碎仪,蛋白电泳仪,移液枪等。

### 二、材料

原核表达载体及其表达菌等。

### 三、试剂

1. 1mol/L IPTG 储存溶液。

2. 缓冲液 1(50mmol/L pH 7.4 的 PBS):0.5mol/L $NaH_2PO_4$ 溶液 19ml,0.5mol/L $Na_2HPO_4$ 溶液 81ml,盐酸胍 573.18g(6mol/L),NaCl 29.3g,加适量去离子水溶解后定容到 1000ml。

3. 缓冲液 2(50mmol/L pH 7.4 磷酸盐缓冲液,即 pH 7.4 的 PBS 溶液):0.5mol/L $NaH_2PO_4$ 溶液 19ml,0.5mol/L $Na_2HPO_4$ 溶液 81ml,盐酸胍 573.18g(6mol/L),NaCl 29.3g 和咪唑 34g,加适量去离子水溶解后定容到 1000ml。

4. 溶解液:6mol/L 盐酸胍+1% Triton-100+50mmol/L PBS+50mmol/L NaCl(pH 8,0)。

5. 缓冲液 3:不同咪唑浓度的缓冲液配制:

| 缓冲液 3 咪唑浓度 | 缓冲液 1 量(ml) | 缓冲液 2 量(ml) |
| --- | --- | --- |
| 10mmol/L | 98 | 2 |
| 20mmol/L | 96 | 4 |
| 50mmol/L | 90 | 10 |
| 100mmol/L | 80 | 20 |
| 200mmol/L | 60 | 40 |
| 300mmol/L | 40 | 60 |
| 400mmol/L | 20 | 80 |

6. $Ni^{2+}$-NTA Agarose。

### 四、操作步骤

1. 基因克隆、表达载体的构建、载体转化表达菌株见本书前面相关章节。

2. 从平板上挑出单克隆菌落接种在 5ml 含相应抗生素的 LB 液体培养基中,37℃摇床培养过夜,约 10～13h。

3. 将过夜培养菌液以 1:100 的比例转接到 100～500ml 含相应抗生素的 LB 液体培养基中,37℃摇床继续培养至 $OD_{600}$ 达 0.4～0.6,约 2～3h。

4. 经合适浓度的 IPTG 诱导表达 4h 后,6000×g 离心 10min 沉淀细菌,彻底去上清。

5. 细菌沉淀用 3～5ml 溶解液悬浮后于室温振摇 40～60min,使菌体充分裂解,可再用超声波破碎,15000×g 离心 10min。

6. 向上清中加入 500μl 镍离子胶(Ni²⁺-NTA Agarose),置摇床缓慢振荡 1h。

7. 结合蛋白的镍离子胶装柱。

8. 用缓冲液 1 平衡 1～2 个柱体积,直至无液体流出。

9. 分别用含 10、20、50、100、200、300、400mmol/L 咪唑的缓冲液 3 进行阶段洗脱,每个阶段至少洗 1 个柱体积(视具体情况而定),收集各阶段洗脱峰。

10. 洗脱完毕后用缓冲液 1 冲洗 2 个柱体积,再用蒸馏水冲洗 5 个柱体积,4℃保存,可重复使用。

11. 用三氯乙酸(TCA)除去盐酸胍:用终浓度为 10% 的 TCA 溶液沉淀蛋白质,冰上放置 15～30min,10000r/min 离心 10min,去上清后加入无水乙醇,充分溶解后 10000r/min 离心 10min,重复以上步骤一次得到沉淀即为洗脱蛋白,用适量含 6mol/L 尿素的 PBS 溶解、透析后 −80℃冻存。

**五、注意事项**

1. 含盐酸胍样品进行 SDS-PAGE 电泳前的处理:由于含盐酸胍的样品在用 SDS 处理时会形成沉淀,故在进行 SDS-PAGE 电泳前,样品须用水稀释(1:6 稀释),或透析,或采用 TCA 沉淀除去盐酸胍。

TCA 沉淀方法:

(1)将 10～25μl 蛋白样品用水稀释到 100μl;

(2)加入 100μl 10% TCA;

(3)冰浴 20min,台式离心机离心 15min;

(4)以 100μl 预冷乙醇洗涤沉淀,干燥沉淀,以电泳上样缓冲液重悬。若还存在少量盐酸胍,则样品必须在 95℃加热 5～10min 后迅速上样。

# 第五节 镍离子在自然条件下纯化 6×His 融合蛋白

**一、设备**

恒温摇床,水平摇床,离心机,蛋白电泳仪,超声波细胞破碎仪,移液枪等。

**二、材料**

原核表达载体及其表达菌等。

**三、试剂**

1. Ni²⁺-NTA Agarose。

2. 裂解缓冲液:50mmol/L NaH₂PO₄,300mmol/L NaCl,10mmol/L 咪唑,用 NaOH 调

pH 至 8.0。

3. 溶菌酶(lysozyme)。

4. 洗涤缓冲液:50mmol/L NaH$_2$PO$_4$,300mmol/L NaCl,20mmol/L 咪唑,pH 8.0。

5. 洗脱缓冲液:50mmol/L NaH$_2$PO$_4$,300mmol/L NaCl,250mmol/L 咪唑,pH 8.0。

### 四、操作步骤

1. 基因克隆、表达载体的构建、载体转化表达菌株、细菌培养、诱导表达、细菌离心收集步骤参照本章第三节。

2. 细菌沉淀用 5~10ml 裂解缓冲液悬浮(每 100ml 菌液),加溶菌酶到终浓度为 1mg/ml,冰浴 30min。

3. 200~300W 超声波超声 60 次,超声 3s,停 5s,全过程均在冰上完成。

4. 在 4℃下 10000r/min 离心 20min。

5. 取上清液,加入 1ml Ni$^{2+}$-NTA Agarose,混匀后于 4℃水平摇床上缓慢摇动约 60min。

6. 将上述混合液装入一小柱,让柱中液体缓慢下流。

7. 待液体流尽后用 4ml 洗涤缓冲液洗柱。

8. 用 0.5ml 洗脱缓冲液洗柱,共 4 次,收集洗脱液。

9. 收集的洗脱液跑 SDS-PAGE 电泳,分析洗脱液中蛋白的纯度和浓度。

10. 用 0.01mol/L PBS 透析消除咪唑,纯化蛋白-80℃保存待用。

### 五、注意事项

如何降低非特异性结合? 使用 His・Bind 方法纯化目的蛋白时,天然条件与变性条件相比,可能有更多杂蛋白与树脂非特异性结合。裂解/结合缓冲液和漂洗缓冲液中加入低浓度的咪唑(10~20mmol/L),有助于减少非特异性结合。His・Tag 标签通过 6~10 个组氨酸残基上的咪唑环与 Ni$^{2+}$ 结合,而咪唑本身也可与 Ni$^{2+}$ 结合,破坏分散的组氨酸的咪唑环与 Ni$^{2+}$ 的作用。6~10 个连续组氨酸标签与 Ni$^{2+}$ 的结合力很强,所以低浓度的咪唑的存在能降低杂蛋白的非特异性结合。对于多数蛋白来说,在裂解/结合缓冲液和漂洗缓冲液中加入高达 20mmol/L 的咪唑都不会影响目的蛋白产量,若目的蛋白在此条件下无法结合到树脂上,则咪唑的浓度可以调至 1~5mmol/L。

## 第六节　GST 融合蛋白的表达及其亲和层析纯化

### 一、设备

恒温摇床,水平摇床,离心机,蛋白电泳仪,超声波细胞破碎仪,移液枪等。

### 二、材料

原核表达载体及其表达菌等。

### 三、试剂

1. 1mol/L IPTG 储存溶液。

2. LB 液体培养基。

3. 10×PBS：1.4mol/L NaCl，27mmol/L KCl，101mmol/L $Na_2HPO_4$，18mmol/L $KH_2PO_4$，pH 7.3。

4. 稀释缓冲液：50mmol/L Tris·HCl(pH 8.0)。

5. 洗脱缓冲液：0.154g 还原型谷胱甘肽溶于 50ml 稀释缓冲液中。

6. 20% Triton X-100：50ml $NaH_2PO_4$(3.12g $NaH_2PO_4$ 溶于 100ml 水中)与 50ml 去离子水混匀后，用 NaOH 调 pH 至 7.0，然后加入 20ml Triton X-100 摇匀即可。

### 四、操作步骤

1. 基因克隆、表达载体的构建、载体转化表达菌株参照本书前面相关章节。

2. 将含有重组质粒的单菌落接种于 5ml 含 Amp 的 LB 液体培养基中，37℃振荡培养过夜。

3. 将过夜培养菌以 1：100 的比例转接于 100～500ml 含 Amp 抗生素的 LB 液体培养基中，37℃摇床继续培养至 $OD_{600}$ 达 0.4～0.6，约 2～3h；加入诱导物 IPTG 至终浓度 0.1～3mmol/L，打开盖子 37℃继续振荡培养 4h。

4. 12000r/min 离心 10min 收集菌体，弃尽上清后置于冰上。

5. 每毫升离心菌体用 50μl 预冷的 1×PBS 重悬浮，加入 20% Triton X-100 使其终浓度为 1%，加 10mg/ml 溶菌酶(每 100μl 菌液加 1μl 溶菌酶)，冰浴处理 30min。

6. 200～300W 超声波超声 60 次，每次超 3s，停 5s，全过程均在冰上完成。

7. 4℃下 12000r/min 离心 10min；上清用直径为 0.45μm 的细菌过滤器过滤 1 次。

8. GST-Sepharose 4B 亲和层析柱用 20ml 1×PBS 清洗 1 次。

9. 用 6ml PBS+1% Triton X-100 平衡层析柱 1 次。

10. 将过滤的上清缓慢加入层析柱中，待液体流尽。

11. 用 20ml PBS 洗层析柱 3 次，待液体流尽。

12. 用含 5～10mmol/L 还原型谷胱甘肽的洗脱缓冲液洗脱蛋白，每次 2ml，重复 3 次，分管收集。

13. PBS 缓冲液透析后-80℃保存纯化蛋白，并用 SDS-PAGE 电泳分析纯化蛋白的纯度和浓度。

## 第七节　　MBP 融合蛋白的表达及其亲和层析纯化

### 一、设备

恒温摇床，水平摇床，离心机，超声波细胞破碎仪，蛋白电泳仪，移液枪等。

## 二、材料

原核表达载体及其表达菌等。

## 三、试剂

1. 1mol/L IPTG 储存溶液。

2. 0.5mol/L PBS 缓冲液,pH 7.5。

3. 溶菌酶(lysozyme)。

4. 麦芽糖。

5. 直链淀粉树脂(amylose resin)。

6. 洗脱缓冲液:0.5mol/L PBS 缓冲液(pH 7.5),10mmol/L 麦芽糖。

## 四、操作步骤

1. 基因克隆、表达载体的构建、载体转化表达菌株参照本书前面相关章节。

2. 挑含有重组质粒单菌落接种于 5ml LB 液体培养基中,振摇培养过夜。

3. 将过夜培养菌以 1∶100 的比例转接于 200ml 含抗生素的 LB 新鲜液体培养基中,开盖,37℃摇床继续培养至 $OD_{600}$ 达 0.4～0.7,约 2～3h。

4. 加入 IPTG 至终浓度为 0.1～3mmol/L,继续培养 4h,冰上放 15min;12000r/min 离心 10min 收集菌体。

5. 按 2～5ml/g 菌体的比例用 0.5mol/L PBS 缓冲液悬浮菌体;加入溶菌酶至终浓度 1mg/ml,冰浴 30min。

6. 200～300W 超声波超声 60 次,每次超 3s,停 5s;全过程均在冰上完成。

7. 在 4℃下 10000r/min 离心 25min,取上清。

8. 加 1ml 直链淀粉树脂到 4ml 上清中,混合后在 4℃水平摇床上 50r/min 摇动 60min。

9. 收集直链淀粉树脂装柱,用 PBS 洗柱 2～5 次,每次用 5ml PBS。

10. 0.5ml 洗脱缓冲液(PBS 中加入 10mmol/L 麦芽糖)洗 4 次,收集洗脱液,分别标为 E1、E2、E3、E4。一般 E2 收集液中的蛋白浓度最高、纯度最好。

11. 用 SDS-PAGE 电泳分析纯化蛋白;纯化蛋白－80℃保存待用。

# 第八节　大肠杆菌无细胞系统表达蛋白

DNA 模板需要包含一个 T7 启动子、核糖体结合位点(RBS)、ATG 起始密码子、终止密码子和一个 T7 终止子。建议在目标蛋白序列上加上亲和标签(如 6×His 标签或 GST 标签),便于蛋白表达后的纯化。由于该无细胞蛋白表达系统基于大肠杆菌开发,建议在制备 DNA 模板前做好密码子优化和内含子去除工作。

## 一、设备

水浴锅或金属浴,水平摇床,离心机,蛋白电泳仪,移液枪等。

## 二、材料

原核表达载体或 DNA 基因片段等。

## 三、试剂

谨澳生物公司 *E. coli* cell extract-based cell free protein expression kit。

## 四、操作步骤

1. 以含有目的基因片段的 pET-32a 或 pET-28a 载体为模板,按照产品说明书进行 PCR 扩增目的基因片段,获得合成蛋白质的 DNA 模板。

2. 将所得模板(15$\mu$l/模板)加入由 17$\mu$l 反应缓冲液、13$\mu$l 大肠杆菌细胞提取物和 5$\mu$l 灭菌去离子水组成的 35$\mu$l 反应混合物中(总反应体系为 50$\mu$l),混匀后在 28～30℃下孵育 3h 进行蛋白表达。

3. SDS-PAGE 和 Western blot 分析蛋白表达。

# 第十四章 基因的真核表达

## 第一节 概 述

真核基因 RNA 聚合酶 Ⅱ 所识别的启动子是与基因转录起始有关的 5′端 DNA 序列,包括以－30bp 为中心的富含 AT 的典型 TATA 盒(TATA box)和上游调控区(UPE,如 GC、CCAAT box 等)。前者是引导 RNA 聚合酶 Ⅱ 在正确起始位点转录 mRNA 所必需的 DNA 序列,即保证转录的精确起始;后者 UPE 是调节转录起始频率和提高转录效率的调控序列,它们协同作用,以调控基因的转录效率,如 35S 启动子、SV40 早期启动子、腺病毒的晚期启动子。

真核细胞瞬时表达是指宿主细胞在导入瞬时表达载体后不经选择培养,载体 DNA 不整合到细胞染色体 DNA 中而随细胞分裂而丢失,目的蛋白短暂表达。稳定表达是指载体 DNA 进入宿主细胞并经选择培养,外源 DNA 稳定存在于细胞染色体中,可随细胞转录表达和传代,目的蛋白表达持久、稳定。

目前,基因的真核表达系统主要包括以下几种:昆虫细胞表达系统(杆状病毒表达系统和瞬时表达系统);酵母等真菌表达系统(如整合到酵母染色体稳定表达和质粒表达);哺乳类、禽类等动物细胞表达系统,包括瞬时表达(包括病毒表达和载体瞬时表达)和稳定表达(转基因细胞和转基因动物);植物细胞的表达系统,包括瞬时表达(细胞瞬时表达和病毒表达)和稳定表达(转基因植物表达)。

除了昆虫细胞瞬时表达系统外,多用昆虫细胞杆状病毒表达蛋白,该系统的优点是:它是一种真核表达系统,不同于细菌表达系统;杆状病毒基因组大(130kb),可容纳 12kb 大小的外源 DNA;杆状病毒可在适于悬浮培养的昆虫细胞中增殖至高浓度,这就能相对容易地获得大量的重组蛋白;大部分超量表达蛋白在昆虫细胞中保持可溶,这与从细菌中常常得到不溶性蛋白形成鲜明的对照;杆状病毒对脊椎动物无感染性,现有研究也表明其启动子在哺乳动物细胞中没有活性,因此在表达癌基因或有潜在毒性的蛋白时更安全。

目前,应用最广泛的杆状病毒表达系统利用了一种称为苜蓿银纹夜蛾核多角体病毒(AcMNPV,以下称杆状病毒)的溶源性病毒。该病毒是杆状病毒科 Baculoviridae 的典型成员,是一种大的、带外壳的双链 DNA 病毒,可感染节肢动物。其表达的多角体蛋白在感染后期的积累量可达 30%～50%,且是病毒复制非必需的。另外,P10 蛋白也含量较高,且是病毒复制非必需的。另一种常用的杆状病毒是家蚕核多角体病毒(BmNPV)。为了获得表达目的基因的重组病毒,首先需将该基因克隆至一个转移载体中。大多数杆状病毒转移载体含有多角体蛋白的启动子,其后接多个供外源基因插入的多克隆位点。一旦外源基因克隆至表达载体上,该基因的 5′和 3′旁侧均为病毒特异序列。接着,重组转移载体与野生型病毒基因组

DNA 一起经脂质体介导转染昆虫细胞,通过体内同源重组实现外源基因对病毒多角体蛋白基因的替换。

Luckow 等发明了一种新的杆状病毒重组技术,构建了一种新的杆状病毒 Bacmid 载体。该病毒载体像质粒一样在大肠杆菌中复制,又对鳞翅目昆虫细胞具有感染性。Bacmid 可在大肠杆菌中复制,含有卡那霉素抗性基因及 Tn7 转座位点 attTn7。庆大霉素和氨苄青霉素抗性的供体载体中,外源基因置于杆状病毒多角体蛋白启动子之下,两端序列分别为 Tn7 转座子的左右端。当供体载体转化含 Bacmid 的 *E. coli* 菌株,由四环素抗性辅助质粒提供的 Tn7 转座酶将外源基因转座到 Bacmid 的 attTn7 转座位点,能在卡那霉素、庆大霉素、四环素培养基上生长。PCR 鉴定后提纯重组了外源基因的 Bacmid,脂质体包装转染的昆虫细胞可得到 100% 阳性重组病毒。这种重组方法都是在大肠杆菌中进行的,非常简便,由于没有本底干扰,同样不需进行噬斑纯化重组病毒。

酵母表达系统主要包括甲醇酵母表达系统和酿酒酵母表达系统,适用于大规模工厂化生产外源蛋白,能进行蛋白质修饰。

甲醇酵母生长培养液的组分包括无机盐、微量元素、生物素、氮源和碳源(廉价)。甲醇酵母能在以甲醇为唯一碳源的培养基中快速生长,其中甲醇代谢途径的关键酶——醇氧化酶(AOX)可达细胞可溶性总蛋白的 30%。而在葡萄糖、甘油或乙醇作为碳源的培养细胞中则检测不到 AOX,即 AOX 基因在甲醇以外的碳源中处于抑制状态,而在培养液中加入甲醇后,该基因被诱导表达,即 AOX 启动子下游的外源基因在甲醇以外的碳源中处于非表达状态,而在培养液中加入甲醇后,外源基因即被诱导表达。甲醇酵母中存在着一种被称为微体的细胞器,合成的蛋白质贮存于微体中,可免受蛋白酶降解,且不对细胞产生毒害。

甲醇酵母的载体是一种整合型载体。该载体包含醇氧化酶-1(AOX1)基因的启动子和转录终止子(5′AOX1 和 3′AOX1),它们被多克隆位点(MCS)分开,外源基因可以在此插入。当整合型载体转化酵母受体时,它的 5′AOX1 和 3′AOX1 序列能与酵母染色体上的同源基因发生同源重组,从而使外源基因插入酵母受体染色体上,外源基因在 5′ 端的 AOX1 启动子控制下表达。

酿酒酵母表达系统载体的启动子是酵母半乳糖激酶启动子 GAL1,*D*-半乳糖为其诱导剂,葡萄糖为其抑制剂。该载体是细胞质表达载体,能在细胞质内复制,也是一种穿梭载体。所谓穿梭载体,是指含有两个亲缘关系不同的复制子,能在两种不同的生物中复制表达的载体,例如,既能在原核细胞中复制表达,又能在真核细胞中复制表达的载体。

真核表达时也需要密码子的优化(具体见本书"基因的原核表达技术"一章),且真核细胞表达时异源基因中含有潜在内含子剪接位点,从而导致 mRNA 的剪切及其蛋白表达水平下降(原核表达不存在此情况),故需要对潜在内含子剪接位点进行无意突变改造。潜在内含子剪接位点分析的 Alternative Splice Site Predictor(ASSP)(human)工具的网址:http://wangcomputing.com/assp/;或潜在内含子剪切位点预测(human,mouse,arabidopsis)的网址:http://www.cbs.dtu.dk/services/NetGene2/。

# 第二节　昆虫细胞杆状病毒表达蛋白

## 一、设备

倒置显微镜,培养箱,超净工作台,离心机,蛋白电泳仪,移液枪等。

## 二、材料

Sf9 昆虫细胞,Invitrogen 公司 pFastBac 系列载体,DH10Bac 大肠杆菌感受态细胞等。

## 三、试剂

1. Gibco® Sf-900™ Ⅲ SFM 培养基。
2. 胎牛血清。
3. Lipofectamine® 2000 Transfection Reagent(脂质体)。

## 四、操作步骤

1. 供体载体的构建:扩增目的基因,并将其构建到 pFastBac1 载体。

2. 重组杆状病毒的获得:将鉴定好的重组供体载体 pFastBac1 转化 DH10Bac 大肠杆菌感受态细胞。37℃ 225r/min 振荡培养 4h 后,供体载体在辅助质粒提供的转座酶的作用下发生转座,并使 DH10Bac 获得庆大霉素抗性,含 IPTG、X-Gal、卡那霉素、庆大霉素及四环素的 LB 平板上培养48h 之后筛选出白色菌落并进行菌落 PCR 鉴定,阳性菌落接含有 3 种同样抗生素(即卡那霉素、庆大霉素及四环素)的 LB 液体培养基,37℃振荡培养过夜,用如下方法提取重组病毒 DNA(bacmid):

(1)灭菌牙签挑单菌落接种到含 $50\mu g/ml$ 卡那霉素,$7\mu g/ml$ 庆大霉素,$10\mu g/ml$ 四环素的 5ml LB 液体培养基中,37℃振荡培养至细胞生长稳定期。

(2)用 1.5ml 离心管 12000r/min 离心 1min 收集细胞。

(3)去上清,加入 0.3ml Sol 1(含 10mmol/L EDTA,$100\mu g/ml$ RNase 的 15mmol/L Tris · HCl,pH 8.0,过滤除菌后 4 ℃储存)重悬沉淀(轻轻地振荡或上下混匀)。

(4)加入 0.3ml Sol 2(0.2mol/L NaOH,1% SDS,过滤除菌)轻轻混匀,室温放置5min,悬浮的沉淀应该从浑浊到几乎半透明。

(5)缓慢加入 0.3ml pH 为 5.5 的 3mol/L 乙酸钾溶液(高压灭菌后 4℃储存),并在加入过程中轻轻混匀,蛋白质和 *E.coli* 基因组 DNA 形成白色沉淀;冰上放置 5~10min,12000r/min 离心 10min。

(6)将上清转移到含有 0.8ml 异丙醇的离心管(注意不要吸到白色沉淀),颠倒混匀,冰上放置 5~10min,室温 12000r/min 离心 15min 或者−20℃过夜后离心。

(7)小心去上清(注意不要浮起沉淀),加入 0.5ml 70%乙醇,颠倒离心管数次后清洗沉淀,室温 12000r/min 离心 5min。可重复洗涤一次。

(8)尽可能地去净上清(注意不要搅动沉淀),室温 5~10min 风干沉淀,并注意不要过分干燥,也不要使用真空离心蒸发仪去干燥 DNA(其会剪切 DNA)。

(9)加入 $40\mu l$ pH 为 8.0 的 $1\times$TE 缓冲液溶解 DNA 沉淀。

(10)PCR 分析重组杆粒 DNA 后 4℃储存或转染昆虫细胞。

3. Sf9 昆虫细胞的培养、转染具体步骤如下(在超净工作台无菌状态下操作):

(1)先在六孔细胞板中接种$(1\sim2)\times10^5$ 细胞,加入 2ml 含有 2%～3%胎牛血清培养基,轻轻摇动培养皿,使细胞均匀分散,27℃培养 18～24h。

(2)取两支灭菌 1.5ml Eppendorf 离心管配制下列溶液:

溶液 A:约 1～2$\mu$g 重组杆状病毒 DNA 溶于 $100\mu l$ 无血清培养基中。

溶液 B:5$\mu l$ 脂质体稀释于 $80\mu l$ 无血清培养基中。

合并溶液 A 和溶液 B,轻轻混匀,室温静置 15min。

(3)吸弃细胞培养液,并用无血清培养基洗 3 次,加 0.8ml 无血清培养基至 Lipofectin-DNA 混合物中,轻轻混匀后,小心滴加到细胞表面,轻轻混匀。

(4)27℃培养 8h 后,吸弃转染液,加含 2%胎牛血清培养基 2ml 继续培养。

(5)感染 3 天后收集有明显病毒感染症状的细胞上清即为 P1 代病毒,再感染 Sf9 细胞进行 P2 代病毒扩增、蛋白表达。

4. 因为表达蛋白融合了 6$\times$His·Tag,离心收集细胞,超声破碎细胞,然后用镍离子在自然条件下纯化 6$\times$His 融合蛋白,具体纯化步骤与"基因的原核表达技术"一章介绍的方法相似。

5. 蛋白的 SDS-PAGE 电泳和 Western blot 分析。

# 第三节　昆虫细胞瞬时表达蛋白

### 一、设备

倒置显微镜,培养箱,超净工作台,离心机,蛋白电泳仪,移液枪等。

### 二、材料

Sf9、Sf21、High Five 等昆虫细胞及昆虫细胞瞬时表达质粒 pIZV5、pIZ/V5-His、pIB/V5-Hi 等。

### 三、试剂

1. Gibco® Sf-900™ Ⅲ SFM 培养基。

2. 胎牛血清。

3. Invitrogen 公司 Lip8000™脂质体转染试剂。

### 四、操作步骤

1. 基因克隆、表达载体的构建、基因的开放阅读框架(ORF)和基因序列的测序鉴定见本书前面相关章节。

2. 先在六孔细胞板中接种$(1\sim2)\times10^5$ Sf9 昆虫细胞,加入 2ml 含 3%胎牛血清和抗生素的培养基,轻轻摇动培养皿,使细胞均匀分散,27℃培养 18～24h。

3. 吸弃细胞培养液,并用无血清培养基洗 3 次,每孔加入 1ml 无血清培养基。

4. 取一个灭菌 1.5ml Eppendorf 离心管,加入 125μl 不含血清和抗生素的培养基,加入 6μg 重组质粒 DNA,并用移液枪轻轻吹打混匀;再加入 4μl Lip8000™ 脂质体转染试剂,用枪轻轻吹打混匀。

5. 用移液枪均匀滴加到整个孔内,随后轻轻混匀。

6. 27℃转染 4～5h 后,吸弃转染液,加入含 3% 胎牛血清培养基 2ml 继续培养。

7. 继续培养 24～48h 后,用适当方式检测转染效果和表达水平,如荧光检测、Western blot、ELISA 等。

# 第四节　甲醇酵母表达蛋白

## 一、设备

超净工作台,摇床,离心机,蛋白电泳仪,移液枪等。

## 二、材料

甲醇酵母 PMAD11 和 PMAD16 及其表达质粒 pMETB、pMETαB(分泌表达)、pPink-HC 等。

## 三、试剂

LB 细菌培养基及酵母培养基、甲醇等。

## 四、操作步骤

1. 基因克隆、表达载体的构建、ORF 和基因序列的测序鉴定见本书前面相关章节。

2. 取 100μl PMAD11 和 PMAD16 酵母感受态细胞,分别与 2μg 经 $Kpn$ I 酶切完全的 pMETαB/gsIL-2 或 pMETB/gsIL-2 混合,冰上孵育 2min,然后转入预冷的电击杯中电转化。使用 Bio-Rad Gene Pluser(电击仪),在电压 375V/cm、电容 25μF、电阻 250Ω 的条件下进行转化,然后加入 1ml 室温的 YPAD 培养基,28～30℃孵育 1h,1500×$g$ 室温离心 3min 收集菌体,重新悬于 100μl 1×YNB,将菌液涂布于 MD 选择平板上,28～30℃培养 3～4 天,观察转化子的生长情况。

3. 随机筛选 MD 选择平板上白色菌落进行菌落 PCR 鉴定。

4. 分别挑取 PCR 鉴定为阳性的 PMAD11 和 PMAD16 克隆接种于 20ml BMDY 培养基中,28～30℃,250r/min 振荡培养 16～18h 至 $OD_{600}$=2～10。室温 1500×$g$ 离心 5min,收集菌体重悬于 10ml BMMY 培养基中。28～30℃,250r/min 继续振荡培养 4 天,每 24h 补加 5% 甲醇使终浓度为 0.5%。

5. 离心分别收集上清和沉淀,SDS-PAGE 和 Western blot 分析表达情况。

6. 含有 pMETαB 重组载体的 PMAD11 菌株表达的蛋白主要分泌于培养基中,经过离心取上清,用 QIAGEN 公司的 $Ni^{2+}$-NTA Agarose 纯化得到纯化的蛋白;含有 pMETB 重组载体的 PMAD16 菌株表达的蛋白主要存在于酵母细胞内,经超声波裂解,离心取上清,用 QIAGEN 公司的 $Ni^{2+}$-NTA Agarose 纯化得到纯化的蛋白。蛋白的纯化参照"基因的原核表达技术"一章的内容。

# 第五节　酿酒酵母表达蛋白

### 一、设备

超净工作台、摇床、离心机、蛋白电泳仪、移液枪等。

### 二、材料

酿酒酵母 INVSc1 菌株及其表达质粒 pYES2/CT(分泌表达)等。

### 三、试剂

LB 细菌培养基及酵母培养基、半乳糖等。

### 四、操作步骤

1. 基因克隆、表达载体的构建、ORF 和基因序列的测序鉴定见本书前面相关章节。

2. 制备酿酒酵母感受态:取冻存于 $-80℃$ 的酿酒酵母 INVSc1 菌株,在 YPD 固体培养基中活化 48h,挑取单菌落接种至 3ml YPD 液体培养基中,30℃ 220r/min 培养过夜。将培养物转接到 50ml YPD 液体培养基中,使其转入时终浓度 $OD_{600}$＝0.4,30℃ 220r/min 培养 4h,使 $OD_{600}$＝1.3～1.5(不得超过 2.0)。室温下 4000r/min 离心 3min 收集菌体,用等体积的灭菌去离子水洗涤菌体,4000r/min 离心 3min。用 1ml 0.1mol/L LiAc 悬浮菌体,然后转入 1.5ml 新离心管中,8000r/min 离心 30s 收集菌体,将沉淀用 $400\mu l$ 0.1mol/L LiAc 悬浮,得到总体积为 $500\mu l$ 的酿酒酵母感受态。

3. 重组表达载体转化:取 $50\mu l$ 感受态到新的离心管中,8000r/min 离心 30s 收集菌体,加入 $240\mu l$ 50% PEG(相对分子质量 3350)、$36\mu l$ 1mol/L LiAc、$24\mu l$ ssDNA、$10\mu g$ 重组表达载体 pYES2/CT,振荡 1min 充分混匀,42℃ 热击 20min,12000r/min 离心 1min 收集菌体,取 $100\mu l$ 涂布于 Amp 抗性的 $Ura^-$(尿嘧啶缺少)固体培养基中,30℃ 温箱中倒置培养。

4. 菌落 PCR 鉴定,选取阳性菌株进行诱导表达。

5. 酿酒酵母分泌蛋白的诱导表达:挑取新鲜活化的阳性菌株于 5ml $Ura^-$ 液体培养基中,30℃ 220r/min 培养过夜,将培养物转接到 50ml 含有 2%半乳糖的 YP 液体培养基中,使其转入时终浓度 $OD_{600}$＝0.4,30℃ 220r/min 诱导 24h,6000r/min 离心 15min 收集上清。

6. 所得上清使用前用浓缩管浓缩至原体积的 1/50。

7. 用 QIAGEN 公司的 $Ni^{2+}$-NTA Agarose 纯化得到纯化的蛋白。蛋白的纯化参照"基因的原核表达技术"一章的内容。

8. SDS-PAGE 电泳和 Western blot 分析蛋白的表达和纯化情况。

## 第六节　哺乳动物细胞瞬时表达蛋白

### 一、设备

倒置显微镜,培养箱,超净工作台,离心机,蛋白电泳仪,移液枪等。

### 二、材料

293T 细胞(人胚肾细胞)及其瞬时表达载体 pCMV-FLAG/MYC/HA、pCI-NEO、pCDNA3.1 等。

### 三、试剂

1. DMEM 细胞培养基。
2. 胎牛血清。
3. Lipofectamine 脂质体。

### 四、操作步骤

1. 基因克隆、表达载体的构建、ORF 和基因序列的测序鉴定见本书前面相关章节。

2. 细胞复苏:从液氮罐或超低温冰箱中取出 293T 细胞(人胚肾细胞),迅速放进预热的 37℃ 水浴锅中,镊子夹住冻存管晃动,使其受热均匀;当冻存管内完全融化时,注意用酒精擦拭冻存管消毒;$300 \times g$ 离心 5min,去除上清,得到沉淀;用培养基悬浮沉淀,最后接种到培养板或培养瓶中进行常规细胞培养;细胞复苏后,生长一段时间,95% 的细胞贴壁生长,细胞状态良好,说明细胞复苏成功。

3. 重组表达载体转化:以 Lipofectamine 转染试剂、6 孔细胞培养板为例介绍操作流程,不同转染试剂参考说明书。

(1)将复苏后常规培养的细胞 $(1 \sim 3) \times 10^5$ 接种到 6 孔细胞培养板中,加入 $2 \sim 4$ml 含 2%~3% 胎牛血清的完全培养基,混匀放置在二氧化碳培养箱中 37℃ 过夜。

(2)在超净工作台中配制如下溶液:溶液Ⅰ:用 $100 \mu l$ 无血清培养基稀释 $2 \mu g$ 待转染的质粒,如真核表达质粒 pCMV-FLAG/MYC/HA、pCI-NEO、pCDNA3.1 等;溶液Ⅱ:用 $100 \mu l$ 的无血清培养基稀释 $25 \mu l$ Lipofectamine 转染试剂(注意:血清的存在会影响细胞转染效率,因此要用无血清培养基转染)。

(3)将溶液Ⅰ和溶液Ⅱ混合并摇匀,室温下放置 30min。

(4)细胞培养至 80% 单层左右,用无血清培养基洗涤细胞 2 次,每孔加入 1ml 无血清培养基,将混合后的转染液逐滴加入每孔中,按十字方向轻摇混匀,二氧化碳培养箱中 37℃ 培养 24h。

(5)使用移液枪将转染液移除,换含 10% 胎牛血清的完全培养基继续培养 36~48h。

(6)离心收集培养的细胞,超声法破碎细胞,离心得到上清,SDS-PAGE 电泳和 Western blot 分析蛋白表达情况。

# 第十五章 蛋白互作分析技术

## 第一节 概 述

目前,分析蛋白间互作的技术主要包括 pull down、免疫共沉淀(co-immunoprecipitation, Co-IP)、酵母双杂交实验、双分子荧光互补试验(bimolecular fluorescence complementation, BiFC)等。

GST/His/MBP-pull down 实验简单易行、操作方便,是分析两种蛋白体外直接互作的最常用方法。其原理是:将原核/真核表达的靶蛋白——GST/His/MBP tag 融合蛋白亲和结合到谷胱甘肽亲和树脂/镍离子胶/直链淀粉微球上,充当一种"诱饵蛋白",加到另一个表达蛋白——"捕获蛋白"溶液中,可从中捕获与之相互作用的"捕获蛋白",经离心、洗涤微珠(beads)后通过 SDS-PAGE 电泳和 Western blot 分析,证实两种蛋白间体外直接互作。

Co-IP 是一种检测复杂混合物内蛋白-蛋白间相互作用的有效方法,也可分离鉴定与一种已知蛋白相互作用的未知蛋白;该技术可在细胞内外研究两蛋白间的相互作用。Co-IP 原理是利用蛋白与其抗体的特异性结合以及金黄色葡萄球菌 Protein A/G 特异地结合到抗体 Fc 端的特性开发出来的一种分离、鉴定、分析蛋白间互作的方法。如果在细胞中 A 蛋白与 B 蛋白形成 A-B 复合物,则在细胞裂解液中加入 A 蛋白抗体后抗体与 A-B 复合物形成抗体-A-B 复合物,再加入结合 Protein A/G-微珠(或 Protein A/G-磁珠),则 Protein A/G-微珠与抗体-A-B 复合物发生结合形成 Protein A/G-微珠-抗体-A-B 复合物,通过离心或磁铁吸附、洗涤,然后进行 SDS-PAGE 和 Western blot 鉴定两个蛋白的互作,或 SDS-PAGE 和质谱分析筛选互作新蛋白。另一种 Co-IP 原理是如果在细胞中 A 蛋白与 B 蛋白形成 A-B 复合物,则在细胞裂解液中加入 A 蛋白抗体-微珠/或 A 蛋白抗体-磁珠后,抗体-微珠/磁珠与 A-B复合物形成抗体-微珠/磁珠-A-B 复合物,通过离心或磁铁吸附、洗涤,然后进行 SDS-PAGE 和 Western blot 鉴定两个蛋白的互作,或 SDS-PAGE 和质谱分析筛选互作新蛋白。

双分子荧光互补试验(BiFC)验证 2 个蛋白在植物细胞中的互作,其原理是:YFP 荧光蛋白在中间切开后形成不发荧光的 N 端和 C 端 2 个多肽,称为 N 片段(nYFP)和 C 片段(cYFP)。这 2 个片段在细胞内共表达不能自发组装成完整的荧光蛋白,且激发光激发时不能产生荧光。但是当这 2 个荧光蛋白片段分别连接到 2 个有相互作用的目标蛋白上,并在细胞内共表达时,由于 2 个目标蛋白的相互作用使荧光蛋白的 2 个片段在空间上互相靠近而重新形成具有活性的荧光蛋白分子,并在该荧光蛋白的激发光激发下发射荧光。

常规酵母双杂交实验是分析 2 个蛋白互作关系和筛选互作蛋白的最常用技术,其原理是:真核细胞起始基因转录需要有反式转录激活因子(即转录因子)的参与。酵母转录因子 GAL4、GCN4 等转录激活因子往往由两个结构上可以分开、功能上相互独立的不同结构域

(domain) 构成，即 DNA 结合结构域（DNA binding domain，BD）和转录激活结构域（transcription-activating domain，AD）。前者可识别 DNA 上的特异序列，并使转录激活结构域定位于所调节的基因的上游，转录激活结构域与转录复合体的其他成分如 RNA 聚合酶结合，启动其所调节基因的转录。将这两个结构域分开时仍具有功能，但不能激活转录，只有当被分开的两者通过适当的途径在空间上较为接近时，才能重新呈现完整的 GAL4 转录因子活性，使启动子下游基因得到转录。根据这一特点，如果使可能存在相互作用的两种蛋白 X 和 Y 分别与 BD、AD 形成融合蛋白的形式在酵母细胞核中共表达，因 X 与 Y 之间的相互作用可以将 BD 和 AD 在空间上拉近成为一个有活性的转录因子，并与报告基因的上游转录激活序列结合，发挥转录因子的功能，使受调控的报告基因得到表达。根据这一原理，酵母双杂交系统通过对报告基因表型进行检测即可确定两个蛋白间的相互作用。将编码 DNA-BD 的基因与已知蛋白诱饵蛋白（bait protein）的基因构建在同一个表达载体（DNA-binding domain 的载体）上，在酵母中表达两者的融合蛋白 BD-诱饵蛋白。将编码 AD 的基因和 cDNA 文库的基因（未知"猎物"蛋白基因）构建在 AD-LIBRARY 表达载体（DNA-activating domain 的载体）上，在酵母中进行融合表达。同时将上述两种载体转化改造后的酵母（这种改造后的酵母细胞的基因组中既不能产生 GAL4，又不能合成 Leu（亮氨酸）、Trp（色氨酸）、His（组氨酸）、Ade（腺嘌呤）、LacZ 酶，因此酵母在缺乏这些营养的培养基上无法正常生长）。当上述两种载体所表达的融合蛋白能够相互作用时，将转录因子的两个功能区在空间上靠近，功能重建的反式转录因子能够激活酵母基因组中的报告基因合成 His、Ade、LacZ 酶等，从而通过功能互补和显色反应筛选到阳性菌落。将发生阳性反应的酵母菌株中的 AD-LIBRARY 载体提取分离出来，并对载体中插入的文库基因进行测序和分析，鉴定分离互作蛋白，当然也可以鉴定 2 个蛋白间的互作。

近年来研究人员又开发了分裂泛素化酵母双杂交技术。传统酵母双杂交系统仅限于核蛋白的互作分析，不能很好地进行膜蛋白和细胞质蛋白的互作研究，而分裂泛素化酵母双杂交系统是合适的筛库系统。泛素是由 76 个氨基酸组成的保守蛋白，它作为降解信号经 C 端连接到蛋白质的 N 端，能被其特异性的蛋白酶（UBPs）识别并从所连接的蛋白上切割下来（切割位点位于泛素的 C 端）。在酵母细胞中泛素可分成两部分分别表达，即其第 1~34 位氨基酸的 N 端（NubI）和第 35~76 位氨基酸的 C 端（Cub），后者融合了启动核内报告基因表达的 LexA 转录因子（Cub-Lex）。NubI 与 Cub 具有高亲和力并能自发重组形成二聚体。当 NubI 的第 13 位异亮氨酸被甘氨酸取代，即 NubI 突变成 NubG，NubG 与 Cub 之间的亲和力消失。两个蛋白分别与 NubG 和 Cub-LexA 融合表达，若细胞质内的两个蛋白发生相互作用，泛素 NubG 和 Cub-LexA 因距离靠近而形成一个完整的泛素分子，于是诱导 UBPs 识别并于其 C 端进行剪切，从而释放出 LexA 转录因子，最终启动核报告基因 His 等的转录，从而通过检测转录因子 LexA 的切割就可以检测两个蛋白之间的互作关系。

# 第二节　GST-pull down 实验

### 一、设备

超净工作台,超声波破碎仪,摇床,离心机,蛋白电泳仪,移液枪等。

### 二、材料

原核表达质粒及其表达菌等。

### 三、试剂

1. GST-pull down 结合缓冲液:50mmol/L Tris・HCl(pH 7.5),100mmol/L NaCl,0.6％ Triton X-100,0.5mmol/L β-巯基乙醇,1mmol/L PMSF。或 50mmol/L Tris・HCl(pH 8.0), 150mmol/L NaCl,0.6％ Triton X-100,0.2％甘油,0.5mmol/L β-巯基乙醇,1mmol/L PMSF。

2. GST-pull down 洗脱缓冲液:50mmol/LTris・HCl(pH 7.5),100mmol/L NaCl,0.6％ Triton X-100。或 50mmol/L Tris・HCl(pH 8.0),150mmol/L NaCl,0.6％ Triton X-100, 0.2％甘油。

3. LB 细菌培养基、IPTG、谷胱甘肽-微珠(GSH-微珠)、还原型谷胱甘肽、2 种蛋白的抗体等。

### 四、操作步骤

1. 将两个需要验证互作的目的基因分别构建到 pGEX 和 pMBP 两个载体上,并分别导入 BL21 大肠杆菌中。

2. 按照第十三章介绍的原核表达及蛋白纯化步骤获得约 $500\mu l$ 蛋白(纯度、浓度通过紫外分光仪、SDS-PAGE 确定,浓度不可太低)。

3. 将两个蛋白记作 A 和 B,分别取 $200\mu l$ GST 标签 A 蛋白和 MBP 标签 B 蛋白加入 15ml 离心管中,对照组中则分别加入 $200\mu l$ GST 蛋白和 $200\mu l$ MBP 标签 B 蛋白。两管中均加入 $20\mu l$ 谷胱甘肽-微珠(GSH-微珠),4℃翻转孵育过夜。

4. 将孵育过夜的混合物 1500r/min 离心 5min,弃上清。

5. 加入 10ml PBS 缓冲液,4℃翻转孵育 10min,1500r/min 离心 5min,弃上清。

6. 重复上一步骤(步骤 5)3～5 次。

7. 将沉淀用少量洗液悬浮后移入 1.5ml 离心管中,1500r/min 离心 5min,去上清,加入 $20\mu l$ 含还原型谷胱甘肽的洗脱缓冲液,静置 1～3min。

8. 离心,取上清,加入 $4\mu l$ 5×蛋白上样缓冲液,沸水煮 10min 后冰上静置 5min。

9. 分别取上述实验组和对照组各 $10\mu l$ 及其 input 各 $20\mu l$ 进行 SDS-PAGE 和 Western blot,分析 A 蛋白是否将 B 蛋白 pull down,并利用 input 分析各个实验组中两个蛋白浓度的一致性。

### 五、注意事项

1. Pull down 结合和洗脱缓冲液有多种,根据文献报道获得这些缓冲液的配方,需要根据实验蛋白的特性找到合适的缓冲液。

2. 纯化的蛋白的纯度要尽量高。

## 第三节　哺乳动物细胞内的免疫共沉淀(Co-IP)实验

### 一、设备

细胞培养箱,倒置显微镜,超净工作台,摇床,离心机,蛋白电泳仪,移液枪等。

### 二、材料

pCMV-Myc-A 和 pCMV5-HA-B 哺乳动物细胞表达载体和 293T 细胞等。

### 三、试剂

1. 细胞裂解缓冲液:10 或 50mmol/L Tris・HCl(pH 7.5),150mmol/L NaCl,1mmol/L EDTA,0.5%或 1% NP-40,使用前需加入蛋白酶抑制剂 cocktail。或 40mmol/L Tris・HCl (pH 7.5),150mmol/L NaCl,5mmol/L $MgCl_2$,5mmol/L DTT,2mmol/L EDTA(pH 8.0),0.1% Triton X-100,2%甘油,使用前需加入蛋白酶抑制剂 cocktail。

2. 蛋白 A/G-Sepharose 微珠:用含 0.02%叠氮化钠的细胞裂解缓冲液配成 10%(V/V)的混悬液。

3. 蛋白酶抑制剂(cocktail、PMSF 等)。

4. 蛋白抗体,酶标二抗,ECL 发光底物等。

### 四、操作步骤

1. 为了在哺乳动物 293T 细胞中验证 A 与 B 相互作用,参考本书"基因的真核表达"一章将构建好的 pCMV-Myc-A 和 pCMV5-HA-B 表达载体经脂质体包装后共转入 293T 细胞中,培养 24~48h。

2. 用无菌 PBS 洗 1~2 次,加预冷的细胞裂解缓冲液 $750\mu l$ 刮下细胞($10^7$ 细胞/ml),在 4℃混合均匀使细胞充分裂解。

3. 4℃12000r/min 离心 15min,取上清,加入蛋白 A $50\mu l$(预处理),4℃在旋转混合器上预吸附 2h。

4. 4℃1500r/min 离心 5min,取上清。

5. 上清液分成二等份,一份加入 A 蛋白抗体,另一份加入阴性抗体作对照,4℃在旋转混合器上孵育 2~3h。

6. 分别加入 $50\mu l$ 蛋白-A Sepharose 微珠,在 4℃摇动孵育 2~10h。

7. 4℃1500r/min 离心 5min,去上清,用 5~10ml 细胞裂解缓冲液或 TNE(10mmol/L

Tris•HCl pH 7.5,150mmol/L NaCl,1mmol/L EDTA,0.5% NP-40)洗3～5次。

8.离心后小心吸干液体,加入 $50\mu l$ 5×蛋白上样缓冲液,100℃煮5～10min,实验组和阴性对照组的上清及其 input 跑 SDS-PAGE,银染显色,并把蛋白转移到硝酸纤维素膜上,用 Western blot 检测蛋白表达和相互作用情况。

### 五、注意事项

Co-IP 结合和洗涤缓冲液有多种,根据文献报道获得这些缓冲液的配方,需要根据实验蛋白的特性找到合适的缓冲液。

## 第四节　植物细胞内的免疫共沉淀实验
## (分析 βC1 蛋白与 MKK2 蛋白间的互作)

### 一、设备

植株培养箱,超净工作台,摇床,离心机,蛋白电泳仪,移液枪,磁力架等。

### 二、材料

植物细胞表达载体和本氏烟植物等。

### 三、试剂

1. IP 缓冲液:40mmol/L Tris•HCl(pH 7.5),150mmol/L NaCl,5mmol/L $MgCl_2$,5mmol/L DTT,2mmol/L EDTA(pH 8.0),2%甘油,0.1% Triton X-100,使用前加入蛋白酶抑制剂 cocktail。

2. flag 抗体-磁珠或蛋白 A/G-Sepharose 磁珠。

3. 蛋白酶抑制剂(cocktail、PMSF 等)。

4. flag 标签抗体和 GFP 蛋白抗体,酶标二抗,ECL 发光底物等。

### 四、操作步骤

1.在6～8周的本氏烟叶片中共同瞬时表达 Flag-MKK2、GFP-βC1 融合蛋白和 GFP,48h后取 0.4g 经农杆菌浸润叶片,在液氮中充分研磨。

2.加入 $800\mu l$ 预冷的 IP 缓冲液,充分混匀后,4℃ 16000×g 离心 15min。

3.将离心后的上清转移至新的离心管中,再次 4℃ 16000×g 离心 15min。

4.在离心的同时用 IP 缓冲液清洗 flag 抗体-磁珠 3 遍。

5.将离心后的上清转移至新的离心管中,取出 $60\mu l$ 作为 input。

6.在每组样品中加入 $20\mu l$ flag 抗体-磁珠,4℃滚动孵育 2～5h。

7.孵育结束后用磁力架吸附 flag 抗体-磁珠,吸去上清,加入 IP 缓冲液,4℃洗涤 10min。

8.重复步骤7,清洗磁珠 4～6 次。

9.2ml IP 缓冲液中加入 $50\mu l$ 3×flag 合成肽段(100μg/ml)作为 flag 洗脱缓冲液。

10. 最后一次洗涤离心后去上清,加入 $60\mu l$ flag 洗脱缓冲液,4℃孵育 30min。

11. 用磁力架吸附 flag 抗体-磁珠,将上清转移至新的 1.5ml 离心管中,和 input 一起分别加入 5×SDS-PAGE 上样缓冲液,100℃变性 5~10min 后室温 12000r/min 离心 2min,取上清进行 SDS-PAGE 分离和 Western blot 分析,检测蛋白表达和相互作用情况。

### 五、注意事项

Co-IP 结合和洗涤缓冲液有多种,根据文献报道获得这些缓冲液的配方,需要根据实验蛋白的特性找到合适的缓冲液。

# 第五节　双分子荧光互补试验(BiFC)

### 一、设备

植株培养箱,激光共聚焦显微镜,超净工作台,摇床,离心机,移液枪等。

### 二、材料

nYFP 和 cYFP 表达载体,C58C1 农杆菌和本氏烟植物等。

### 三、试剂

1. 浸润缓冲液:$100\mu mol/L$ 乙酰丁香酮,$100mmol/L$ $MgCl_2$,$100mmol/L$ MES(pH 5.7)。
2. $50\mu g/ml$ 卡那霉素。
3. $50\mu g/ml$ 利福平。
4. YEP 液体培养基。

### 四、操作步骤

1. 将 A 和 B 蛋白基因分别构建成 A-nYFP、B-cYFP 表达载体,分别电击或热击转化入 C58C1 农杆菌。

2. 挑取生长在含有卡那霉素($50\mu g/ml$)和利福平($50\mu g/ml$)平板上的农杆菌阳性克隆于含相应抗生素的 YEP 液体培养基中,28℃振荡过夜培养。

3. 将培养过夜的阳性克隆于 4℃ 8000r/min 离心 10min 收集菌体,加无菌去离子水悬浮清洗一遍,再次离心收集菌体。

4. 用浸润缓冲液重悬,调整至 $OD_{600}$ 值为 0.6~1.0,室温静置 2~5h,一般 3h。

5. 将悬起的含 A-nYFP 融合表达克隆与含 B-cYFP 融合表达克隆农杆菌等体积混合。

6. 选取 4~6 叶期的本氏烟,用注射器将混合的表达克隆浸润本氏烟叶片,即使用 1ml 针头在叶片背面扎孔,使用不带针头注射器从叶片背面处注射适量浸润菌液。

7. 将植物放于 25℃,在光照 16h,黑暗 8h 的环境中培养 36~60h。

8. 浸润叶片在激光共聚焦显微镜下观察荧光的有无和强弱,并拍照,观察到荧光说明 A 与 B 蛋白间存在互作。

## 第六节　酵母双杂交实验筛库

### 一、设备

生化培养箱,超净工作台,摇床,离心机,移液枪等。

### 二、材料

用于构建酵母双杂交实验的诱饵载体和文库表达载体的 pGADT7 和 pGBKT7 载体,cDNA 文库(一般由公司构建),酵母菌株 Y2H Gold 和 Y187 等。

### 三、试剂

1. 50%(W/V)PEG3350:称 25g PEG3350,溶解在 40ml 灭过菌的 dd $H_2O$ 中(在 50℃水浴锅中助溶),然后用 dd $H_2O$ 定容至 50ml,最后用细菌过滤器过滤除菌。为方便使用,分装在 2ml 灭菌处理的离心管中备用。

注意:实验只能使用相对分子质量为 3350 的 PEG;整个实验过程使用的容器都得高温灭菌处理;过滤、分装操作在无菌操作台中进行;PEG3350 尽量不要高温灭菌以免破坏其分子结构;由于 PEG 容易吸水,药品称量完后用保鲜膜对药品瓶封口防潮。

2. 1mol/L LiAc:称取 5.1g LiAc,溶于 45ml dd $H_2O$ 中,溶解后用 dd $H_2O$ 定容至 50ml,高温灭菌或细菌过滤器除菌。为方便使用,分装在 2ml 灭菌处理的离心管中备用。

3. YPDA 液体培养基:称取 20g 蛋白胨和 10g 酵母抽提物,加 900ml dd $H_2O$ 溶解,用浓盐酸调 pH 至 5.8,定容至 935ml,高压灭菌 15min 后再加入 50ml 已灭菌的 40% 葡萄糖以及 15ml 已灭菌的 0.2% Adenine,4℃保存即可。

4. 在上述 YPDA 液体培养中加入 15g 琼脂粉,高压灭菌后即可获得 YPDA 固体培养基。

5. SD/-Trp 液体培养基:称取 Minimal SD Base 26.7g 和 SD/-Trp DO supplement 0.74g,加 950ml 水溶解,用 2mol/L NaOH 溶液调 pH 至 5.8,定容至 1000ml,高压灭菌 15min(灭菌时间不可过长,否则培养基中的 C 源会焦化)后 4℃保存。

6. 在上述 SD/-Trp 液体培养基中加入 15g 琼脂粉,高压灭菌后即可获得 SD/-Trp 固体培养基。

7. SD/-Leu-Trp、SD/-Leu-Trp-His 和 SD/-Leu-Trp-His-Ade 液体和固体培养基:配制方法与 SD/-Trp 相似,均需调 pH 至 5.8。

8. LB 液体培养基:称取 10g 蛋白胨、5g 酵母提取物和 10g NaCl,加 950ml dd $H_2O$ 溶解,用 2mol/L NaOH 溶液调 pH 至 7.0,定容至 1000ml,高压灭菌后保存。

9. 在上述 LB 液体培养基中加入 15g 琼脂粉,高压灭菌后即可获得 LB 固体培养基。

10. 0.1mol/L 磷酸缓冲液(pH 7.4):77.4ml 0.1mol/L $Na_2HPO_4$,22.6ml 0.1mol/L $NaH_2PO_4$。

11. 山梨醇缓冲液:用 0.1mol/L 磷酸缓冲液(pH 7.4)配制 1.2mol/L 山梨醇。

12. 10×TE:0.1mol/L Tris、10mmol/L EDTA 混匀后用浓盐酸调 pH 至 7.5,高压灭菌后保存。

13. PEG/LiAc：1.5ml 10×TE，1.5ml 1mol/L LiAc，12ml 50％ PEG3350，混匀后保存。

14. 1.1×TE/LiAc：1.1ml 10×TE，1.1ml 1mol/L LiAc，7.8ml 灭菌 dd H₂O(现配现用)。

15. 20mg/ml X-α-Gal：20mg X-α-Gal 粉末，加 1ml *N*，*N*-二甲基甲酰胺(DMF)溶解，−20℃保存(注意避光)。使用时按照约 200μl/15cm 平板、约 100μl/10cm 平板的量加入培养基中，也可用灭菌去离子水稀释 5 倍至 4mg/ml 后按照约 200μl/15cm 平板、约 100μl/10cm 平板的量涂布于培养基上。

16. 0.9％ NaCl 溶液：称取 0.9g NaCl 粉末，加去离子水溶解，定容到 100ml，高压灭菌后保存。

17. 2.5mol/L 3-AT 溶液：称取 2.1g 3-AT 粉末，加无菌水溶解，定容到 10ml，−20℃储存。

### 四、操作步骤

#### (一)诱饵菌株的获得

1. 经酶切、连接或 In fusion 方法构建诱饵载体 pGBKT7-X。

2. 取−80℃保存的酵母菌 Y2H Gold 在 YPDA 平板上划线活化，30℃培养 3～5 天。

3. 挑取直径大小为 2～3mm 的酵母单菌落于 4ml YPDA 液体培养基中，在 30℃ 230r/min 摇床中振荡培养过夜。

4. 上述菌液按 1∶100 的比例接种于新的 YPDA 液体培养基中，30℃ 230r/min 摇床中振荡培养大约 16h，至 $OD_{600}=0.5～1.0$(此时酵母转化率最高)。

5. 取 1～1.5ml 于 1.5ml 离心管，12000r/min 离心 13s，弃上清。

6. 加入 1ml 无菌去离子水重悬浮酵母菌，12000r/min 离心 13s，弃上清(目的是将残留的培养基洗掉)。

7. 加入 1ml 100mmol/L LiAc(900μl dd H₂O＋100μl 1mol/L LiAc)，30℃水浴 5min。

8. 12000r/min 离心 13s，弃上清。

9. 按顺序加入以下溶液：
| | |
|---|---|
| 50％(W/V)PEG3350 | 240μl(很浓稠，吸取时要慢) |
| 1.0mol/L LiAc | 36μl |
| 鲑鱼精 ssDNA(2.0mg/ml) | 50μl(使用前要加热变性) |
| pGBKT7-X(诱饵质粒) | 5.0μl |
| 无菌去离子水 | 20μl。 |

10. 激烈涡旋至少 3min(一定要激烈，充分混匀)，42℃水浴 20min，每隔 10min 混匀一次。

11. 12000r/min 离心 13s，弃上清。

12. 加入 200μl 无菌去离子水悬浮，取 100μl 涂板 SD/-Trp。

13. 30℃培养 3～4 天至菌落出现。

#### (二)诱饵蛋白毒性检测

1. 方法：将诱饵菌株(诱饵质粒转化的 Y2H Gold 酵母菌)涂布到 SD/-Trp 固体培养基上，30℃倒置培养 2～3 天。在 SD/-Trp 平板上挑取酵母菌落接种于 5ml SD/-Trp 液体培养基中，30℃ 230r/min 振荡培养 16h，测菌液 $OD_{600}$ 值。

2.判断依据:酵母菌落形态正常,振荡培养16h后菌液 OD$_{600}$≥0.8,说明酵母生长正常,诱饵蛋白对酵母没有毒性。如果诱饵蛋白对酵母有毒性,会使酵母生长缓慢,甚至死亡。

### (三)Western blot 检测诱饵蛋白在酵母中的表达

1.从 SD/-Trp 平板上挑取酵母菌落到 5ml SD/-Trp 液体培养基中,30℃ 230r/min 过夜振荡培养。

2.取 4ml 摇起来的酵母菌液,12000r/min 离心 30s,弃上清。

3.往收集的酵母菌中加入 60μl 2×SDS-PAGE 上样缓冲液,吹打混匀后加热煮沸 15min。

4.12000r/min 离心 3min,上清即为酵母总蛋白。

5.取 20μl 酵母蛋白提取液进行 SDS-PAGE。

6.SDS-PAGE 结束后用载体上的 Myc 标签的一抗进行 Western blot,分析诱饵蛋白的表达情况,如果没有表达的话,则需要诱饵蛋白基因密码子优化。

### (四)诱饵蛋白自激活检测

1.将 pGADT7 空载体质粒与 pGBKT7-X 诱饵质粒共转化酵母 Y2H Gold(方法同上述一),涂布 SD/-Leu-Trp 二缺固体培养基。

2.30℃培养箱培养 3～4 天,待酵母长至直径 2～3mm。

3.挑取酵母单菌落,稀释在 100μl 灭菌 dd H$_2$O 中,吹打混匀,吸 10μl 于 90μl 灭菌 dd H$_2$O 中,吹打混匀(稀释 10 倍);按此方法依次稀释成 10$^0$、10$^{-1}$、10$^{-2}$、10$^{-3}$ 和 10$^{-4}$ 五个浓度梯度。

4.每组酵母,按照浓度梯度的顺序依次点滴在 SD/-Leu-Trp-His-Ade 四缺培养基上,30℃培养 3～5 天。

5.观察酵母的生长情况,如果诱饵质粒与 pGADT7 空载体转化的酵母在 SD/-Leu-Trp-His-Ade 四缺平板上不能生长,则证明诱饵蛋白在酵母中没有自激活活性,反之,则具有自激活活性。

### (五)共转化酵母菌株 Y2H Gold 或酵母交配

1.重组酵母载体 pGBKT7-X 送测序公司核酸测序,确定基因的阅读框架和序列的准确性。

2.Y2H Gold 进行验证活化:在 YPDA 固体培养基划线后在 30℃培养 3～5 天,活化酵母并验证酵母菌株。

3.酵母感受态细胞的制备(LiAc 法):

(1)挑取直径为 2～3mm 的酵母单菌落,接种于 2～5ml YPDA 液体培养基中,30℃ 250r/min 振荡培养过夜。

(2)上述菌液按 1:100 的比例接种到含 50ml YPDA 液体培养基的 250ml 三角瓶中。

(3)30℃ 230～250r/min 振荡培养 16～20h,直至 OD$_{600}$ 达到 0.2～0.3。

(4)室温 1000×$g$ 离心 5min,弃上清,加入 100ml YPDA 液体培养基重悬细胞沉淀,然后于 30℃ 250r/min 培养 3～5h,直至 OD$_{600}$ 达到 0.4～0.5。

(5)室温 1000×$g$ 离心 5min,去上清,加入 60ml 无菌水重悬细胞沉淀。

(6)室温 1000×$g$ 离心 5min,去上清,加入 3ml 1.1×TE/LiAc 溶液重悬细胞沉淀。

(7)将重悬的细胞分装到两个 1.5ml 无菌离心管中,最高转速离心 15s。

(8)去上清,每管加入 $600\mu l$ $1.1\times$TE/LiAc 溶液重悬细胞沉淀,即成酵母感受态细胞。

**4.诱饵载体 pGBKT7-X 和文库载体共转化酵母菌株 Y2H Gold:**

(1)在无菌的离心管中加入以下成分:

$3\mu g$ 文库 pGADT7-cDNA(1mg/ml)。文库 cDNA 不可反复冻融,建议将文库 cDNA 分装成小管备用;文库 cDNA 很宝贵,不要浪费。

$6\mu g$ pGBKT7-X 质粒 DNA(诱饵质粒)。

$20\mu l$ 鲑鱼精 ssDNA(10mg/ml)。使用前加热煮沸变性 10min 后冰上冷却 5min。

(2)加入 $600\mu l$ 制备好的酵母菌 Y2H Gold 感受态细胞,轻轻涡旋混匀。

(3)加入 2.5ml PEG/LiAc 溶液,激烈涡旋混匀。

(4)30℃温育 45min,每 15min 混合一次。

(5)加入 $160\mu l$ DMSO,混匀,42℃水浴 20min,每 10min 混合一次。

(6)$1000\times g$ 离心 5min,去上清,加入 3ml YPD Plus 液体培养基(试剂盒配带,也可用普通的 $2\times$YPDA 液体培养基代替),重悬细胞沉淀。

(7)30℃,250r/min 振荡培养 2h。

(8)$1000\times g$ 离心 5min,去上清,加入 6ml 0.9%无菌氯化钠溶液重悬细胞。

或者按照以下步骤进行操作:

**5.酵母交配:**

(1)将 pGADT7-cDNA 文库质粒用上述 PEG/LiAc 转化法转化到酵母菌 Y187 中,SD/-Leu 平板上 30℃培养 3~5 天,菌落长出。

(2)将酵母菌 Y187/pGADT7-cDNA 与酵母菌 Y2H Gold/pGBKT7-Bait 在无抗生素 YPDA 液体培养基中进行 30℃ 60r/min 共培养 24h,即进行酵母交配(yeast mating)。

**(六)诱饵蛋白互作蛋白筛选**

1.将共转化菌液涂布于三缺培养基 SD/-His-Leu-Trp 或+/X-α-Gal($150\mu l$ 菌液/150mm 平皿);根据情况调整,若菌液浓度低,可 $200\mu l$ 菌液/150mm 平皿。

2.为计算转化率,从 6ml 共转化的菌液中取 $30\mu l$ 菌液,加 $720\mu l$ NaCl 溶液稀释至终体积为 $750\mu l$;各取 $150\mu l$ 稀释液分别涂布于 150mm 的 SD/-Leu-Trp 和 SD/-Leu 平板上。

3.30℃培养箱培养 3~4 天,忽略直径≤1mm 的菌落,挑选直径≥2mm 的菌落。

4.转化率计算方法:

(1)用以下公式统计 SD/-Leu 板上的克隆数:

克隆数$\times1000\times(6000\mu l/30\mu l)\times(750/150)/3=$转化子$/\mu g$ pGADT7-Rec

预期值应≥$1\times10^6$ 转化子$/\mu g$ pGADT7-Rec。

(2)用以下公式统计 SD/-Leu-Trp 板上的克隆数:

克隆数$\times1000=$所出现的克隆数(二缺平板上生长的克隆为共转化诱饵和文库两个质粒的酵母菌,即本次筛库总共筛选的文库数目)

预期值应≥$5\times10^5$ 克隆数/文库。

5.用白色小枪头将长出的菌落稀释在 $100\mu l$ dd $H_2O$ 中,再吸取 $15\mu l$ 点滴于 SD/-Leu-Trp-His-Ade 或+/X-α-Gal 平板上,30℃培养箱培养 3~5 天。

6.挑取四缺培养基上生长快而且颜色白的酵母菌落(候选阳性)于三缺液体培养基中,30℃ 250r/min 振荡培养,准备提取酵母质粒。

或者按照以下步骤进行操作：

1. 酵母交配后的细胞室温 $1000 \times g$ 离心 5min 沉淀酵母细胞，离心后的酵母细胞涂布于 SD/-Trp-Leu-Abe/X-α-Gal 三缺平板上，30℃培养 3～5 天筛选蓝色菌落。

2. 再将阳性克隆点到 SD/-Trp-Leu-His-Ade-Aba/X-α-Gal 四缺平板上进一步筛选。

3. 挑取四缺培养基上生长快的蓝色酵母菌落（候选阳性）于三缺液体培养基中，30℃ 250r/min 振荡培养，准备提取酵母质粒。

### (七)酵母文库质粒的提取(Tiangen 公司酵母质粒提取试剂盒)

1. 挑取在四缺培养基上生长的候选阳性酵母单菌落，加到 4ml SD/-His-Leu-Trp 三缺液体培养基中，30℃ 250r/min 振荡培养 24～36h（使用三缺液体培养基给酵母一个选择压，三种成分缺失的培养基使其诱饵蛋白表达）。

2. 向吸附柱 CP2 中（吸附柱放入收集管中）加入 500μl 平衡液 BL，12000r/min 离心 1min，倒掉收集管中的废液，将吸附柱重新放回收集管中。

3. 取 1～5ml 酵母培养液，12000r/min 离心 30s，尽量吸除上清。

4. 向菌体中加入 300μl 山梨醇缓冲液，加入 50U Lyticas(10U/μl)，充分混匀，30℃处理 2h。4000r/min 离心 10min，弃上清，收集沉淀。加入 250μl 溶液 YP1（确定已加入 RNase A）重悬沉淀（破壁酶处理时间可变）。或向菌体中加入 250μl 溶液 YP1（请先确定已加入 RNase A）重悬沉淀，彻底悬浮菌体。加入 0.1g 直径为 0.45～0.55mm 的酸洗玻璃珠（额外采购，如 SIGMA G8772），涡旋振荡 10min（推荐用此方法）。

5. 向管中加入 250μl 溶液 YP2，温和地上下翻转 6～8 次，使菌体充分裂解，室温放置 5～10min。

6. 向管中加入 350μl 溶液 YP3，立即温和地上下翻转 6～8 次充分混匀，此时会出现白色絮状沉淀，12000r/min 离心 20min。

7. 小心地将上清液加入吸附柱 CP2 中（吸附柱放入收集管中），12000r/min 离心 1min，倒掉收集管中的废液，将吸附柱重新放回收集管中。

8. 向吸附柱 CP2 中加入 500μl 缓冲液 PD，12000r/min 离心 1min，倒掉废液；此步是为了去蛋白。

9. 向吸附柱 CP2 中加入 600μl 漂洗液 PW（先确认已加无水乙醇），12000r/min 离心 1min，倒掉收集管中的废液；再重复此步一次。

10. 将吸附柱 CP2 重新放回收集管中，12000r/min 离心 2min，将吸附柱中残余的漂洗液去除。

11. 吸附柱 CB2 放入一个干净的离心管中，在吸附膜的中间部位悬空滴加 50～100μl 洗脱缓冲液 EB，室温放置 2min，12000r/min 离心 1min，将质粒溶液收集到离心管中。

### (八)候选互作蛋白基因载体的分离

1. 取一管 100μl 超低温保存的 DH5α 感受态细胞，置冰上。

2. 加入 10μl 酵母质粒，轻弹管壁混匀，冰上静置 30min。

3. 42℃水浴 60～90s 后迅速置冰上静置 2min。

4. 加入 700μl LB 液体恢复培养基，37℃振荡培养 1.5h。

5. 取 200μl 培养液涂布于含 100μg/ml 氨苄青霉素的麦康凯培养基（文库质粒 pGADT-Rec 具有氨苄青霉素抗性，诱饵质粒 pGBKT7-X 为卡那霉素抗性，转化的 DH5α 涂布在 Amp

平板上能够去除所提取的酵母质粒中抗卡那霉素抗生素的诱饵质粒,并扩繁了抗氨苄青霉素的文库质粒)。

6. 菌落长出后挑取单菌落,用 pGADT7 载体通用引物的菌落 PCR 筛斑,阳性菌落用 Amp 抗性的 LB 液体培养基振摇培养,并抽提质粒。

### (九)与诱饵蛋白互作蛋白的再次鉴定

1. 根据上述方法将试剂盒提取的酵母质粒(AD-Y)与诱饵质粒(BD-X)再次共转化酵母 Y2H Gold 感受态细胞,涂布三缺固体培养基。

2. 30℃ 培养箱培养 3～4 天,待酵母长至直径 2～3mm。

3. 挑取酵母单菌落稀释在 $100\mu l$ 灭菌 dd $H_2O$ 中吹打混匀,再吸 $10\mu l$ 于 $90\mu l$ dd $H_2O$ 中吹打混匀(稀释 10 倍);按此方法依次稀释,构成 $10^0$,$10^{-1}$,$10^{-2}$ 和 $10^{-3}$ 四个浓度梯度。

4. 每组酵母,按照浓度梯度的顺序依次点滴在四缺培养基上,30℃ 培养箱培养 3～4 天,目的是进一步排除假阳性。

### (十)与诱饵蛋白互作蛋白基因的获得和鉴定

1. 将上述(九)步骤 4 的四缺培养基上生长酵母菌落所对应的 DH5α 单菌落摇菌,菌样送测序公司进行核酸测序。

2. 测序所得序列登录 NCBI 网站利用 Blastx 进行蛋白质序列比对鉴定,比对鉴定到的基因即为筛库筛到的互作蛋白基因。

### 五、注意事项

作为报告基因 *HIS3* 会有一定程度的泄漏表达,造成一定的自激活。这时可以在筛选培养基中加入适量的 HIS3 竞争性抑制剂 3-氨基-1,2,4-三唑(3-amino-1,2,4-triazole,3-AT),从而抑制假阳性;若加入的 3-AT 浓度过高,蛋白间比较弱的相互作用也可能被抑制,因此使用时需要预先探索,确定 3-AT 的最适工作浓度,通常加在培养基中的浓度不超过 80mmol/L,一般为 1～50mmol/L。

# 第十六章　酶联免疫吸附试验

## 第一节　概　述

　　抗原(antigen,Ag)是指那些能诱导动物免疫系统发生免疫应答、产生抗体和/或致敏淋巴细胞,同时又能与免疫应答产物(即相应抗体和/或致敏淋巴细胞)在体内外特异性结合、发生免疫反应的物质。抗原具有抗原性(antigenicity),包括免疫原性与反应原性。免疫原性(immunogenicity)是指抗原能刺激机体的免疫系统产生抗体和/或致敏淋巴细胞的特性。反应原性(reactinogenicity)是指抗原与相应的抗体或致敏淋巴细胞发生免疫反应的特性,又称为免疫反应性(immunoreactivity)。抗原根据是否具有免疫原性分为完全抗原及不完全抗原。既具有免疫原性又具有反应原性的物质称为完全抗原(complete antigen),如病毒、细菌、真菌等微生物和蛋白质等相对分子质量大于 5000 的生物物质。只具有反应原性而缺乏免疫原性的物质称为不完全抗原(incomplete antigen),也称为半抗原(hapten),如小于 50 个氨基酸的多肽、多糖、药物、激素、抗生素、农药等相对分子质量小于 5000 的 物质。半抗原单独作用机体的免疫系统时无免疫原性,当与蛋白载体(carrier)结合形成半抗原-载体复合物时,即可获得免疫原性,这种复合物不但可刺激机体的免疫系统产生针对蛋白载体的抗体,也可以刺激机体产生针对半抗原的抗体。

　　抗原决定簇(antigenic determinant)是指存在于抗原分子表面的能够决定抗原特异性的特殊化学基团,是与抗体结合的位点。由于抗原决定簇通常位于抗原分子表面,因而又称为表位(epitope)。同一抗原分子表面具有不同的抗原决定簇,即具有不同的特异性,而同一化学基团的不同异构体均可影响抗原的特异性。抗原决定簇可分为功能性抗原决定簇和隐蔽的抗原决定簇,也可分为构象决定簇和顺序决定簇。存在于抗原分子表面,能被淋巴细胞识别,同时能与抗体或致敏淋巴细胞特异性结合而发生免疫反应的抗原决定簇称为功能性抗原决定簇。隐蔽的抗原决定簇是指隐藏在抗原分子内部的抗原决定簇。构象决定簇又称不连续决定簇,是抗原分子中由分子基团间特定的空间构象决定的抗原决定簇。蛋白质抗原一般是由分子中不连续的若干肽链盘绕折叠而构成。顺序决定簇又称连续决定簇,是抗原分子中直接由分子基团的一级结构序列决定的抗原决定簇。共同抗原也称交叉反应抗原,是存在于两种不同抗原分子间的相同或相似的抗原决定簇。两种不同的抗原物质表面具有某种共同的抗原决定簇,用一种抗原制备的抗血清能与另一种抗原发生免疫反应的特性叫免疫交叉反应。

　　免疫球蛋白(immunoglobulin,Ig)是指存在于人和动物血液(血清)、组织液及其他外分泌液中的一类具有相似结构的球蛋白。动物机体受到抗原物质的刺激后,由 B 淋巴细胞转化成的浆细胞产生的、能与相应抗原发生特异性免疫结合反应的免疫球蛋白叫抗体(antibody,Ab)。Ig 有多种类型,但其基本结构均由两条重链和两条轻链组成,经二硫键连接成 Y 形。

但羊驼抗体天然缺少 2 条轻链,只有 2 条重链,其相对分子质量比常规抗体小,又称纳米抗体。Ig 根据单体数目、相对分子质量、含糖量、电泳移动率等特点分为 IgG、IgA、IgD、IgE、IgM、IgY、IgN,其中 IgG 及 IgA 具有亚类。抗体在动物体内不仅含量高,而且持续时间长,在体内可发挥抗病毒、抗菌、抗毒素、抗肿瘤等重要的生理作用。抗体包括多克隆抗体和单克隆抗体。抗原免疫动物所获得的免疫血清,是由同一抗原中多种抗原决定簇刺激多个 B 淋巴细胞增殖分化所产生的多种抗体的混合物,称为多克隆抗体(polyclonal antibody,PAb),简称多抗,也称抗血清。利用杂交瘤技术获得能分泌针对某一种抗原决定簇的特异性抗体的杂交瘤细胞系,由该单克隆杂交瘤细胞系产生的大量单一、同质、高纯度的针对单一抗原决定簇的特异性抗体,叫单克隆抗体(monoclonal antibody,MAb),简称单抗。每一个免疫淋巴细胞只能分泌针对单一抗原决定簇的一种特异性抗体,即单克隆抗体。

　　第一抗体(简称一抗)是特定抗原的特异性抗体,如新冠病毒 COVID-19 抗体、乙肝病毒抗体、水稻条纹病毒抗体等。酶标一抗是辣根过氧化物酶(HRP)或碱性磷酸酯酶(AP)标记的一抗。抗抗体(简称二抗)是一种动物的抗体(即免疫球蛋白)免疫另一种动物产生的抗体,如羊抗鼠 IgG 抗体、羊抗兔 IgG 抗体。酶标二抗是 HRP 或 AP 酶标记的抗抗体。

　　1971 年,瑞典学者 Engvall 和 Perlman 第一次建立了酶联免疫吸附试验(enzyme-linked immunosorbent assay,ELISA),使对抗原和抗体的检测可以通过简单的颜色反应或发荧光来实现,是目前抗原和抗体检测中最常用的方法,它是一种把抗原、抗体的免疫反应和酶的高效催化反应有机结合在一起的免疫学检测技术。该免疫学检测技术发展十分迅速,目前已被广泛用于生物学、生物化学与分子生物学和医学的各个领域。与其他血清学方法相比,该方法具有灵敏度高、特异性好、操作简单、安全、高通量等优点。

　　ELISA 的原理是:结合在固相载体(ELISA 酶标板)表面的抗原或抗体仍保持其免疫学活性,且酶标记的抗体既保留其免疫学活性,又保留酶的活性;在测定时,待检样品(测定抗体或抗原)与已固化的固相载体表面的抗原或抗体起免疫结合反应;用洗涤的方法使固相载体上形成的已固化的抗原抗体复合物与液体中的其他游离物质分开;再加入酶标记的抗抗体(即酶标二抗)或酶标一抗也通过免疫结合反应而结合在固相载体上,此时固相载体上的酶量与样品中受检抗体或抗原的量成正比;加入酶的底物后,底物被酶催化成为有色产物(或发荧光),颜色的深浅或荧光的强弱(可借助肉眼观测底物颜色变化或用酶标仪测定光密度)与样品中受检抗体或抗原的量呈正相关,故可根据呈色的深浅或荧光的强弱进行抗体或抗原的定性或定量分析。

　　由于酶的催化效率很高,间接地放大了免疫反应的结果,使该测定方法达到很高的敏感度;且抗原抗体反应具有特异性,因而该方法也具有很好的特异性。ELISA 可进行大样本的检测,并可在酶标仪上迅速读出结果。现已有仪器用于包括加样、洗涤、孵育、显色、比色等 ELISA 自动化操作,实行自动化检测。

　　影响 ELISA 试验的因素如下:

　　1.固相载体,即 ELISA 酶标板。最常用的 ELISA 载体物是聚苯乙烯,聚苯乙烯具有较强的吸附蛋白质的性能,且抗体或蛋白质抗原吸附后仍保留原来的免疫活性。聚苯乙烯为塑料的一种,可制成各种形状,而且其作为载体不参与免疫化学反应。ELISA 最常用的载体为微量反应板,也称为 ELISA 板或 ELISA 酶标板,其国际通用的标准板形是 8×12 的 96 孔式。为便于少样本的检测,有制成可拆的 8 联孔条,放入 ELISA 座架后使用,座架大小与 96 孔标准 ELISA 板相同。良好的 ELISA 酶标板应具有吸附性好、空白值低、孔底透明度高、各板之间和同一板各孔之间性能相近等特性。

2. 抗原和抗体。在 ELISA 实验过程中,抗原和抗体的质量是实验是否成功的最关键因素。ELISA 中的已知抗原要求纯度高,已知抗体要求效价高、特异性好、亲和力强。用于 ELISA 的抗体有多克隆抗体(即抗血清)和单克隆抗体两种。抗血清成分复杂,应从中提取 IgG 才可用于包被固相载体或酶标记。含单克隆抗体的小鼠腹水中的特异性抗体含量较高,有时可适当稀释后直接进行包被。制备酶标记抗体的抗体要有较高的纯度,经硫酸铵盐析初纯化的 IgG 可进一步用亲和层析法提纯特异性 IgG。

3. 包被。固相化的抗原或抗体称为免疫吸附剂。在 ELISA 板上将抗原或抗体固相化的过程称为包被(coating),即将抗原或抗体结合到固相载体 ELISA 板微孔表面的过程。蛋白质与聚苯乙烯固相载体 ELISA 板是通过物理吸附结合的,靠的是蛋白质分子结构上的疏水基团与固相载体表面的疏水基团间的作用。这种物理吸附是非特异性的,受蛋白质的相对分子质量、等电点、浓度等的影响。ELISA 板对不同蛋白质的吸附能力是不同的,大分子蛋白质较小分子蛋白质通常含有更多的疏水基团,故更易吸附到固相载体表面。而小分子的半抗原如抗生素、农药、小肽等几乎不能吸附于 ELISA 板。半抗原的包被一般需先使其与载体蛋白质如牛血清白蛋白(BSA)、卵清蛋白(OVA)等偶联,借助于偶联物中的载体蛋白与 ELISA 固相载体的吸附,间接地结合到 ELISA 固相载体表面。抗体 IgG 对聚苯乙烯等固相载体具有较强的吸附力,其吸附多发生在 Fc 段上,抗体的抗原结合点暴露于外。

包被的抗原或抗体的浓度、包被的温度和时间、包被液及其 pH 等应根据试验的特点和材料的性质而选定。抗体和蛋白质抗原一般采用 pH 9.6 的 0.05mol/L 碳酸盐缓冲液作为包被液,也有用 pH 7.2 的磷酸盐缓冲液或 pH 7~8 的 Tris·HCl 缓冲液作为抗体的包被液。包被的温度和时间通常为 4~8℃冰箱中放置过夜或 37℃中孵育 2~4h。包被的最适浓度随固相载体和包被物的性质可有很大的变化,每批材料需通过预实验确定。一般蛋白质的包被浓度为 1~10μg/ml。

4. 封闭。封闭(blocking)是继包被之后用高浓度的无关蛋白质溶液再包被的过程。当包被液中的抗原或抗体浓度过低,包被后 ELISA 板中的微孔表面不能被此蛋白质完全覆盖而留下未被占据的空隙,其后加入样品中的蛋白质和抗体也会部分地吸附于固相载体表面的这些空隙处,最后产生非特异性显色或发荧光而导致背景偏高。封闭就是让大量不相关的蛋白质填充这些空隙,从而避免在 ELISA 其后的步骤中干扰物质的再吸附。最常用的封闭剂是 0.5%~3%牛血清白蛋白(BSA)、2%~8%小牛血清、1%明胶、2%~5%脱脂奶粉。脱脂奶粉是一种良好的封闭剂,其最大的特点是价廉和封闭效果好,但封闭后的 ELISA 载体不易长期保存,故在实验室很常用,而在试剂盒中一般不用。

5. 洗涤。洗涤在 ELISA 过程中虽不是反应步聚,但却是决定实验成败的关键步骤之一。洗涤的目的是洗去反应液中没有与固相抗原或抗体结合的游离的抗体或抗原、反应过程中非特异性吸附于固相载体的干扰物质以及样品中的其他杂质。聚苯乙烯塑料对蛋白质的吸附作用是普遍性的。因此在 ELISA 测定的反应过程中应尽量避免非特异性吸附,而在洗涤时又应把这种非特异性吸附的干扰物质洗涤下来。ELISA 稀释液和洗涤液中应加入非离子型表面张力物质吐温-20(Tween-20),吐温-20 作为助溶剂,具有减少非特异性吸附的作用,其机理是:聚苯乙烯载体与蛋白质的结合是疏水性的,非离子型洗涤剂既含疏水基团,也含亲水基团,其疏水基团与蛋白质的疏水基团借疏水键结合,从而削弱蛋白质与固相载体的结合,并借助于亲水基团和水分子的结合作用,使蛋白质回复到水溶液状态,从而脱离固相载体。洗涤液中吐温-20的浓度可在0.05%~0.2%之间,当高于0.2%时,可使包被在固相上的抗原或抗体解吸附而降低试验的灵敏度。如果洗涤不彻底,特别是显色反应前的最后一次洗涤不彻底会导致酶标抗体的非特异性吸附而使空白值升高。另外,在间接ELISA中如血清样品中的非特异性IgG吸附在ELISA板上而未被洗净,也将与酶标抗体作用而产生空白值升高现象。

6. 显色和比色。3,3′,5,5′-四甲基联苯胺(TMB)是辣根过氧化物酶(HRP)最常用的较环保的底物,TMB经辣根过氧化物酶作用后,约30min显色达到顶峰,随即逐渐减弱,至2h后即可完全消退至无色。TMB的终止液有两类:一类是酶抑制剂,如十二烷基硫酸钠(SDS),这类终止剂能使蓝色维持较长时间(12~24h)不褪,是目视判断的良好终止剂。另一类是酸性终止液,如2mol/L硫酸会使蓝色转变成黄色,此时可用450nm特定波长测吸光度。HRP的另一个常用底物是邻苯二胺(OPD),该底物在HRP的作用下生成棕黄色,用2mol/L硫酸终止后用490nm波长测吸光度。OPD底物具有致癌性,操作时要戴塑料手套。碱性磷酸酯酶(AP)的底物为对硝基苯磷酸盐(p-nitrophenyl phosphate,PNPP),显色时间为30min~4h,产物呈黄色,用3mol/L NaOH溶液终止反应,405nm波长测吸光度。

酶标比色仪简称酶标仪,也就是专用于读ELISA显色底物吸光度的光度计。目前,多功能酶标仪可以读取底物的荧光强度。酶标仪的主要性能指标有:测读速度、读数的准确性、重复性、精确度和可测线性范围等。优良的酶标仪的读数一般可精确到0.001,准确性为±1%,重复性达0.5%。酶标仪不应安置在阳光或强光照射下,操作时室温宜在15~30℃,使用前先预热仪器15~30min,测读结果更准确。测读吸光度$A$值时,要选用产物的最敏感吸收峰,有的酶标仪可用双波长测读,即每孔先后测读两次,第一次在最适波长($W_1$),第二次在不敏感波长($W_2$),最终测得的$A$值为两者之差($W_1-W_2$)。双波长测读可减少由酶标板上的划痕或指印等造成的干扰。

7. 孵育(温育)。ELISA作为一种固相免疫测定技术,抗原抗体的免疫结合反应在固相ELISA板上进行,要使液相中的抗原或抗体与固相上的特异性抗体或抗原完全结合,必须在一定的温度条件下反应一定的时间达到平衡,这个过程叫孵育或温育。温育所需时间与温度成反比,即温度越高,所需时间相对较短。最为常用的温育温度有37℃和室温,其次是4℃。通常ELISA试验的温育时间为37℃ 1~2h,才能有效完成抗原抗体的结合,低于1h,可能会影响测定下限。

8. 酶。辣根过氧化物酶(HRP)来源于植物,用于动物性样品的检测,目的是消除样品中内源性酶的干扰,降低背景。而碱性磷酸酯酶(AP)来源于动物牛小肠,目前也有细菌表达的AP,用于植物性样品的检测,目的同样是消除样品中内源性酶的干扰,降低背景。

自从ELISA方法建立以来,有了巨大的发展。根据检测试剂、样品情况以及检测条件,可设计出各种不同类型的检测方法,如直接ELISA、间接ELISA、双抗体夹心ELISA(DAS-ELISA)、三抗体夹心ELISA(TAS-ELISA)、半抗原检测的竞争ELISA(包括直接竞争ELISA和间接竞争ELISA)以及以硝酸纤维素膜为载体的dot-ELISA等。

直接ELISA是将待测抗原直接包被ELISA板,然后加入酶标记抗原特异性抗体(即酶标一抗),最后进行底物显色反应的一种ELISA方法。因为酶标记在检测抗原的特异性抗体上而偶联成酶标一抗,所以每一种酶标一抗仅可检测一种相对应的抗原。直接ELISA用于抗原的检测,步骤少而快速,但灵敏度相对较低。

间接 ELISA 是检测抗体和抗体效价常用的方法,其原理为利用酶标记的抗抗体(即酶标二抗)检测与固相抗原结合的待检抗体。间接 ELISA 也可以用已知的抗体检测相应的抗原,即待测抗原直接包被 ELISA 板,然后加入特异性一抗、酶标二抗和底物。此种间接 ELISA 也称抗原包被 ELISA,即 ACP-ELISA,一般用于抗原含量相对较高样品的检测,如植物组织中病毒的检测。与直接 ELISA 相比,由于间接 ELISA 中的酶标记抗某种动物(包括人)的免疫球蛋白抗体,就可以检测该种动物产生的任何一种抗体,因而间接 ELISA 适用的范围更为广泛,并且特异性也较好。间接 ELISA 主要用于抗体和抗体效价测定,但也可用于抗原的检测,用于抗原的检测时由于二抗的放大作用,故灵敏度比直接 ELISA 高。

双抗夹心 ELISA(DAS-ELISA)是先将捕获抗体即检测抗原的特异性抗体包被于 ELISA,然后加入可能含有待测抗原的样品,最后加入酶标记的抗原特异性抗体即酶标记一抗。如果检测样品中含有待测抗原的话,则在固相载体 ELISA 板上形成捕获抗体-抗原-酶标一抗复合物,加底物后显色或发荧光。根据包被的捕获抗体和酶标一抗的组合不同,又可以分为同种单抗夹心 ELISA、异种单抗夹心 ELISA、多抗单抗混合夹心 ELISA、单抗多抗混合夹心 ELISA 和多抗夹心 ELISA。与 ACP-ELISA 相比,双抗夹心 ELISA 多了一步以抗体捕获富集抗原的过程,因而其灵敏度和特异性也相应提高。DAS-ELISA 应用于病毒、细菌、真菌、蛋白等完全抗原的检测,一般 ELISA 检测完全抗原的试剂盒大多采用 DAS-ELISA 方法。

三抗夹心 ELISA(TAS-ELISA)测抗原的原理:用捕获抗体包被后加入含待检抗原样品,然后加入与捕获抗体生产动物不一样的另一种动物生产的一抗,最后加酶标二抗。如果检测样品中含有待测抗原的话,则在固相载体 ELISA 板上形成捕获抗体-抗原-一抗-酶标二抗复合物,加底物后底物显色或发荧光。与 DAS-ELISA 一样用包被抗体捕获富集抗原,且多了一步酶标二抗的步骤而灵敏度和特异性也相应比 DAS-ELISA 提高,但操作步骤比 DAS-ELISA 多一步。TAS-ELISA 应用于病毒、细菌、真菌、蛋白等完全抗原的检测。

竞争 ELISA 用于只具有反应源性而无免疫源性的半抗原的检测。半抗原是相对分子质量一般小于 5000000 的物质,如多肽、大多数的多糖、脂肪胺、类脂质、核苷、农药、抗生素、毒素、三聚氰胺、激素等。小分子抗原或半抗原因缺乏可作夹心法的两个以上的抗原位点,因此不能用抗体夹心法进行测定,一般采用竞争法进行测定。根据酶标记抗原还是抗体分两种常用的竞争 ELISA 类型,即酶标记抗原竞争 ELISA 和酶标记抗体竞争 ELISA,而酶标记抗体竞争 ELISA 根据酶标记在一抗上还是二抗上又可分成酶标记一抗的竞争 ELISA 和酶标记二抗的竞争 ELISA 两类。实际应用时常采用酶标记一抗的竞争 ELISA。

酶标记抗原竞争 ELISA 测半抗原的原理:特异性抗体包被于 ELISA 板后形成固相抗体,加入待测样品(含有相应抗原)和相应的一定量的酶标抗原,待测样品中的抗原和酶标抗原竞争性地与固相抗体结合,待测样品中抗原含量越高,则与固相抗体结合也越多,使得酶标抗原与固相抗体结合的机会就越少,甚至没有机会结合,加入底物后不显色或显色比空白对照浅的样品为阳性,显色深且与空白对照一样的样品为阴性。

酶标记一抗的竞争 ELISA 测半抗原的原理:抗原包被于 ELISA 板后形成固相抗原,加入待测样品(含有相应抗原)和相应的一定量的酶标记特异性抗体(酶标一抗),待测样品中的抗原和固相抗原竞争性地与一定量的酶标一抗结合,待测样品中抗原含量越高,则与酶标一抗结合也越多(但这些结合物是游离的,可经洗涤而除去),使得酶标抗体与固相抗原结合的机会就越少,甚至没有机会结合,加入底物后不显色或显色比空白对照浅的样品为阳性,显色深且与空白对照一样的样品为阴性。

酶标记二抗的竞争 ELISA 测半抗原的原理:抗原包被于 ELISA 板后形成固相抗原,加入待测样品(含有相应抗原)和相应的一定量的未标记的特异性一抗,待测样品中的抗原和固相抗原竞争与一抗结合,待测样品中抗原含量越高,则与一抗结合也越多,使得一抗与固相抗原结合的机会就越少,甚至没有机会结合,从而使与固化一抗结合的酶标二抗也越少,加入底物后不显色或显色比空白对照浅的样品为阳性,显色深且与空白对照一样的样品为阴性。

dot-ELISA 是以硝酸纤维素膜(NC 膜)为固相载体的 ELISA 检测方法,其用于抗原的检测:将含抗原样品的提取液点到 NC 膜上,干燥后形成固相抗原,然后分别加入抗原特异性抗体和碱性磷酸酯酶(AP)或辣根过氧化物酶(HRP)标记二抗,则在 NC 膜上结合形成抗原-抗体-酶标二抗复合物,加入显色底物后复合物上的酶催化底物生成沉淀型有色产物而显色,底物不显色为阴性反应。肉眼观察斑点颜色有无及深浅来进行样品中抗原的定性和半定量检测。

# 第二节　设备、材料及试剂

## 一、设备

恒温培养箱、微量振荡器、自动酶标洗板机、酶标仪、各种单道和八道 Eppendorf 移液枪、96 孔酶标板、平皿、Eppendorf 离心管及离心管架等。

## 二、材料

辣根过氧化物酶(HRP)标记的一抗、碱性磷酸酯酶(AP)标记的一抗、HRP 标记的二抗、AP 标记的二抗、含抗原或抗体样品、各种相应的标准品、硝酸纤维素膜(NC 膜)、试纸条等。

## 三、试剂

1. ELISA 包被液(50mmol/L 碳酸盐缓冲液,pH 9.6):$Na_2CO_3$ 1.59g,$NaHCO_3$ 2.93g,定容至 1000ml。

2. 0.01mol/L 磷酸盐缓冲液(PBS,pH 7.4):$KH_2PO_4$ 0.27g,无水 $Na_2HPO_4$ 1.14g,NaCl 8.0g,KCl 0.2g,用去离子水定容至 1000ml。

3. ELISA 洗涤液(0.01mol/L PBST):5000ml 0.01mol/L PBS 中加 2.5ml 吐温-20。

4. ELISA 封闭液:0.01mol/L PBST 中加入脱脂奶粉至终浓度 2%～5%。

5. 抗体稀释液:0.01mol/L PBST 中加入脱脂奶粉至终浓度 2%～5%。

6. HRP 酶 ELISA 底物显色液:

(1)邻苯二胺(OPD):称取 30mg OPD 溶于 30ml 0.05mol/L 枸橼酸缓冲液(pH 5.0)中,加 60μl $H_2O_2$(30%母液),显色 10～30min 后加 2mol/L $H_2SO_4$ 溶液 50μl/孔终止反应。

(2)3,3′,5,5′-四甲基联苯胺(TMB):使用时 A 液和 B 液等体积混匀,显色 10～30min 后加 2mol/L $H_2SO_4$ 溶液 50μl/孔终止反应。

TMB A 液:过氧化脲 1g,$Na_2HPO_4 \cdot 12H_2O$ 35.8g,柠檬酸·$H_2O$ 10.3g,吐温-80

$100\mu l$,调 pH 至 5.0 后定容至 1000ml。

TMB B 液:TMB 0.7g,二甲基亚砜(DMSO)40ml,充分溶解后再加柠檬酸•$H_2O$ 10.3g,调 pH 至 2.4 后定容至 1000ml。

7. AP 酶 ELISA 底物显色液:底物为对硝基苯磷酸盐(p-nitrophenyl phosphate,PNPP)。将 10mg PNPP 溶于 10ml 如下底物缓冲溶液中,显色反应 30min~3h,可用 3mol/L NaOH 溶液 $50\mu l$/孔终止反应。

AP 酶底物缓冲液:在 400ml 去离子水中加 48.5ml 二乙醇胺、加 62.5$\mu l$ 4mol/L $MgCl_2$ 溶液,用浓盐酸调 pH 至 9.8,再用去离子水定容至 500ml。

8. 2mol/L $H_2SO_4$ 终止液:取 50ml 浓 $H_2SO_4$,缓慢加入到 410ml 去离子水中,不断搅拌使之均匀散热,防止爆沸。

9. 3mol/L NaOH 终止液:称 NaOH 120g,用去离子水溶解并定容至 1L。

10. HRP 酶的 dot-ELISA 显色底物液:

(1)4-氯-1-萘酚溶液:6mg 4-氯-1-萘酚先溶于 2ml 无水乙醇中,加 10ml 0.02mol/L PBS(pH 7.4),加 $7\mu l$ 30% $H_2O_2$。

(2)3,3'-二氨基联苯胺盐酸盐(DAB)溶液:25mg DAB 溶于 50ml 0.05mol/L TB(pH 7.6),为 $18\mu l$ 30% $H_2O_2$。

(3)3,3',5,5'-四甲基联苯胺(TMB)显色底物:Promega 公司产品。

11. AP 酶的 dot-ELISA 显色底物:氮蓝四唑/5-溴-4-氯吲哚磷酸(NBT 和 BCIP)储备液(浓度均为 50mg/ml):将 NBT 溶于 70%二甲基甲酰胺中,BCIP 溶于 100%二甲基甲酰胺中(已商品化)。10ml 显色缓冲液(100mmol/L Tris•HCl,100mmol/L NaCl,5mmol/L $MgCl_2$,pH 9.5)中加入上述 $66\mu l$ NBT 和 $33\mu l$ BCIP 储备液。

12. TBS 缓冲液:20mmol/L Tris•HCl,150mmol/L NaCl,pH 7.5。该 TBS 可以代替上述 0.01mol/L 磷酸盐缓冲液。

# 第三节　操作步骤

## 一、直接 ELISA 的步骤

1. 包被:将待测抗原样品、不同浓度系列的抗原标准品、阴阳性对照用 ELISA 包被液适当稀释后加至酶标板,每孔 $100\mu l$,置 37℃孵育 2~3h,或 4℃过夜。

2. 用 PBST 洗涤酶标板 3 次,每次 3min。

3. 封闭:每孔加 3%脱脂奶粉封闭液 $150\mu l$,37℃孵育 0.5~1h。

4. 用力将酶标板中的封闭液甩掉,在纱布上拍干后加入适当稀释的 HRP 标记的一抗,$100\mu l$/孔,37℃孵育 1~2h。

5. 用力将酶标板中的酶标一抗甩掉,用 PBST 洗涤酶标板 4~6 次,每次 3min。

6. 加底物显色:每孔加 TMB 底物 $100\mu l$,置 37℃或室温下待其充分显色。

7. 约显色 10~30min,待显色完全后,每孔加入 $50\mu l$ 2mol/L $H_2SO_4$ 终止液终止反应。

8. 酶标板置酶标仪上,在底物特定波长下测各孔 $OD_{450}$ 值,求出阴性对照的 OD 值的平均

值 $N$，以样品 OD 值 $P/N>2.1$ 作为阳性判断标准，或肉眼观察有显色反应的孔为阳性。或根据标准品 $OD_{450}$ 值用 Excel 软件绘制 $OD_{450}$ 值与抗原标准品浓度的标准曲线，根据样品的 $OD_{450}$ 值从标准曲线中获得检测抗原的浓度。

### 二、间接 ELISA 检测抗青霉素抗体效价或青霉素抗体

1. 将抗原即与 BSA 交联的青霉素用 $0.05mol/L$ $Na_2CO_3\text{-}NaHCO_3$ 包被缓冲液适当稀释后，一般抗原稀释到 $1\sim10\mu g/ml$ 的浓度，$100\mu l$/孔加至酶标板，置 4℃ 冰箱过夜，或 37℃ 温育 $2\sim3h$。

2. 用 PBST 洗酶标板 3 次，每次 3min。

3. 每孔加 3% 脱脂奶粉封闭液 $150\mu l$，37℃ 封闭 $30\sim60min$。

4. 用 PBST 洗 $3\sim4$ 次，每次 3min。

5. 每孔加入 $100\mu l$ 用封闭液倍比稀释的待测血清（测多抗效价）或适当稀释的抗血清（测抗体）或杂交瘤细胞的上清（单抗），37℃ 温育 $1\sim2h$。

6. 用 PBST 洗 3 次，每次 3min。

7. 每孔加入 $100\mu l$ 用封闭液稀释的 HRP 酶标羊抗兔（或鼠）IgG 二抗，37℃ 温育 $1\sim2h$。

8. 用 PBST 洗 $4\sim6$ 次，每次 3min。

9. 每孔加入 $100\mu l$ 新配制的 OPD 或 TMB 底物溶液，37℃ 显色 $10\sim30min$。

10. 每孔加入 $50\mu l$ $2mol/L$ $H_2SO_4$ 终止液终止反应。随后在酶标仪上测 490nm 或 450nm 处的 OD 值，求出阴性对照的 OD 值的平均值 $N$，若样品 OD 值 $P/N>2.1$，则视为阳性，否则为阴性，或肉眼观察有显色反应的孔为阳性。抗体检测呈阳性的最大稀释倍数即为抗体效价。

### 三、抗原包被 ELISA(ACP-ELISA)检测南方水稻黑条矮缩病毒(SRBSDV)的步骤

1. 水稻叶片称重后用液氮研磨成粉末，按 1:（10～30）（质量：体积，g/ml）加入 $0.05mol/L$ 碳酸盐包被液后再研磨匀浆；或按 1:（10～30）（质量：体积，g/ml）加入 $0.05mol/L$ 碳酸盐包被液直接研磨匀浆嫩的水稻病叶。

2. 5000r/min 离心 3min，取上清 $100\mu l$/孔包被酶标板，设 SRBSDV 病叶为阳性对照、健康水稻为阴性对照、不同浓度的 SRBSDV 为标准品，置 4℃ 冰箱过夜，或 37℃ 温育 $2\sim3h$。

3. 用 PBST 洗酶标板 3 次，每次 3min。

4. 每孔加 3% 脱脂奶粉封闭液 $150\sim300\mu l$，37℃ 封闭 $30\sim60min$。

5. 用 PBST 洗酶标板 3 次，每次 3min。

6. 每孔加入 $100\mu l$ 用封闭液适当稀释的抗 SRBSDV 鼠源单抗，37℃ 温育 $1\sim2h$。

7. 用 PBST 洗酶标板 3 次，每次 3min。

8. 每孔加入 $100\mu l$ 用封闭液稀释的 AP 酶标羊抗鼠 IgG 二抗，37℃ 温育 $1\sim2h$。

9. 用 PBST 洗酶标板 $4\sim6$ 次，每次 3min。

10. 每孔加入 $100\mu l$ 新配制的底物 PNPP 显色液，37℃ 或室温显色 $30\sim120min$。

11. 每孔加入 $50\mu l$ $3mol/L$ NaOH 终止液终止反应。随后在酶标仪上测 405nm 处的 OD 值，求出阴性对照的 OD 值的平均值 $N$，若样品 OD 值 $P/N>2.1$，则视为阳性，否则为阴性，或肉眼观察有显色反应的样品为阳性，或根据标准品 OD 值用 Excel 软件绘制 OD 值与抗原标准品浓度的标准曲线，根据样品的 OD 值从标准曲线中查得 SRBSDV 的浓度。

### 四、DAS-ELISA 测乙肝病毒的步骤

1. 用 0.01mol/L pH 7.4 的 PBS 或 50mmol/L 碳酸盐包被液稀释抗体（单抗或多抗）后 100$\mu$l/孔包被 ELISA 板，形成固相抗体。

2. 用 PBST 洗涤 3 次后用 3% 脱脂奶粉或 1% BSA 或 5% 牛血清 150$\mu$l/孔封闭 30~60min。

3. 分别加入待检抗原和不同浓度系列的抗原标准品 100$\mu$l/孔，37℃ 孵育 1~2h，标本中的抗原与固相抗体结合，形成固相抗原抗体复合物。

4. 用 PBST 洗涤酶标板 3 次，每次 3min，除去其他未结合物质。

5. 加入适当稀释的辣根过氧化物酶（HRP）标记的抗体 100$\mu$l/孔，37℃ 孵育 1~2h，固相免疫复合物上的抗原与酶标抗体结合（注：检测植物样品时用碱性磷酸酯酶（AP）标记的抗体）。

6. 用 PBST 洗涤酶标板 4~6 次，彻底洗去未结合的酶标抗体。

7. 用 TMB 或 OPD-$H_2O_2$ 底物显色 15~30min，2mol/L $H_2SO_4$ 终止液 50$\mu$l/孔终止反应，用酶标仪读取 $OD_{450}$ 或 $OD_{490}$ 的值，求出阴性对照的 OD 值的平均值 $N$，若样品 OD 值 $P/N > 2.1$，则视为阳性，否则为阴性，或肉眼观察有显色反应的样品为阳性，或根据标准品 OD 值用 Excel 软件绘制 OD 值与抗原标准品浓度的标准曲线，根据样品的 OD 值从标准曲线中查得检测抗原的浓度。注：植物样品用碱性磷酸酯酶标记的抗体时，底物用 PNPP，终止液用 3mol/L NaOH 溶液。

### 五、TAS-ELISA 的步骤

1. 用 0.01mol/L pH 7.4 的 PBS 或 50mmol/L 碳酸盐包被液稀释抗体（如兔源多抗），100$\mu$l/孔包被 ELISA 酶标板，37℃ 孵育 2~3h 或 4℃ 过夜。

2. 用 PBST 洗涤 3 次后用 3% 脱脂奶粉或 1% BSA 或 5% 牛血清等 150$\mu$l/孔封闭 30~60min。

3. 分别加入待检抗原和不同浓度系列的抗原标准品 100$\mu$l/孔，37℃ 孵育 1~2h。

4. 用 PBST 洗涤 3 次后加入适当稀释的一抗（如鼠源单抗）100$\mu$l/孔，37℃ 孵育 1~2h。

5. 用 PBST 洗涤 3 次后加入适当稀释的辣根过氧化物酶或碱性磷酸酯酶标记的羊抗鼠 IgG 二抗 100$\mu$l/孔，37℃ 孵育 1~2h。

6. 用 PBST 洗涤 4~6 次后，用 100$\mu$l/孔 TMB 或对硝基苯磷酸盐（PNPP）底物显色，显色充分后每孔加 2mol/L $H_2SO_4$ 或 3mol/L NaOH 终止液 50$\mu$l 终止反应，用酶标仪读取 $OD_{450}$ 或 $OD_{405}$ 值，求出阴性对照的 OD 值的平均值 $N$，若样品 OD 值 $P/N > 2.1$，则视为阳性，否则为阴性，或肉眼观察有显色反应的样品为阳性，或根据标准品 OD 值用 Excel 软件绘制 OD 值与抗原标准品浓度的标准曲线，根据样品的 OD 值从标准曲线中查得检测抗原的浓度。

### 六、酶标记抗原竞争 ELISA 测三聚氰胺的步骤

1. 用 50mmol/L 碳酸盐包被液或 0.01mol/L pH 7.4 的 PBS 稀释三聚氰胺特异性抗体后 100$\mu$l/孔包被 ELISA 酶标板，37℃ 温育 2~3h 或 4℃ 过夜。

2. 用 PBST 洗涤 3 次后用 3% 脱脂奶粉或 1% BSA 或 5% 牛血清等封闭 30~60min。

3. 分别加入适当稀释的样品和不同浓度的三聚氰胺标准品 50$\mu$l/孔，再加入适当稀释的

HRP 酶标记三聚氰胺 50$\mu$l/孔，振动混匀后 37℃孵育 30～60min。

4. 用 PBST 洗涤 4～6 次后拍干，加入 TMB 底物避光显色，显色 15～30min 后加 2mol/L H$_2$SO 终止液 50$\mu$l/孔，于酶标仪上测定 OD$_{450}$值。

5. 根据标准品 OD$_{450}$值用 Excel 软件绘制抑制率与三聚氰胺浓度半对数的标准曲线，获得线性回归方程。抑制率（IC）计算公式如下：

$$IC\% = (OD_x - OD_{min}) / (OD_{max} - OD_{min}) \times 100$$

OD$_{max}$为不加三聚氰胺时的吸光值，OD$_x$ 为三聚氰胺浓度为 $x$ 时的吸光值，OD$_{min}$为空白对照孔的吸光值。根据样品的抑制率和线性回归方程计算得样品中三聚氰胺的浓度。

### 七、酶标记抗体竞争 ELISA 测青霉素的步骤

1. 用 50mmol/L 碳酸盐包被液适当稀释青霉素-BSA 偶联物后 100$\mu$l/孔包被 ELISA 酶标板，37℃孵育 2～3h 或 4℃过夜。

2. 用 PBST 洗涤 3 次后用 3％脱脂奶粉或 1％ BSA 或 5％牛血清等封闭 30～60min。

3. 分别加入适当稀释的样品和不同浓度的青霉素标准品 50$\mu$l/孔，再加入适当稀释的 HRP 酶标记青霉素抗体 50$\mu$l/孔，振动混匀后 37℃孵育 30～60min。

4. 用 PBST 洗涤 4～6 次后拍干，加入 TMB 底物避光显色，显色 15～30min 后加 2mol/L H$_2$SO 终止液 50$\mu$l/孔，于酶标仪上测定 OD$_{450}$值。

5. 根据标准品 OD$_{450}$值用 Excel 软件绘制抑制率与青霉素浓度半对数的标准曲线，获得线性回归方程。抑制率（IC）计算公式如下：

$$IC\% = (OD_x - OD_{min}) / (OD_{max} - OD_{min}) \times 100$$

OD$_{max}$为不加青霉素时的吸光值，OD$_x$ 为青霉素浓度为 $x$ 时的吸光值，OD$_{min}$为空白对照孔的吸光值。根据样品的抑制率和线性回归方程计算得样品中青霉素的浓度。

### 八、酶标记二抗竞争 ELISA 测氯霉素的步骤

1. 用 50mmol/L 碳酸盐包被液适当稀释氯霉素-BSA 偶联物后 100$\mu$l/孔包被 ELISA 酶标板，37℃孵育 2～3h 或 4℃过夜。

2. 用 PBST 洗涤 3 次后用 3％脱脂奶粉或 1％ BSA 或 5％牛血清等封闭 30～60min。

3. 分别加入适当稀释的样品和不同浓度的氯霉素标准品 50$\mu$l/孔，再加入适当稀释的氯霉素鼠源单抗 50$\mu$l/孔，振动混匀后 37℃孵育 30～60min。

4. 加入适当稀释的 HRP 标记的羊抗鼠二抗 100$\mu$l/孔，37℃孵育 30～60min。

5. 用 PBST 洗涤 4～6 次后拍干，加入 TMB 底物避光显色，显色 15～30min 后加 2mol/L H$_2$SO 终止液 50$\mu$l/孔，在酶标仪上测定 OD$_{450}$值。

6. 根据标准品 OD$_{450}$值用 Excel 软件绘制抑制率与氯霉素浓度半对数的标准曲线，获得线性回归方程。抑制率（IC）计算公式如下：

$$IC\% = (OD_x - OD_{min}) / (OD_{max} - OD_{min}) \times 100$$

OD$_{max}$为不加氯霉素时的吸光值，OD$_x$ 为氯霉素浓度为 $x$ 时的吸光值，OD$_{min}$为空白对照孔的吸光值。根据样品的抑制率和线性回归方程计算得样品中氯霉素浓度。

### 九、dot-ELISA 检测水稻中南方水稻黑条矮缩病毒（SRBSDV）的步骤

1. 制样：水稻叶片称重后用液氮在研钵中研磨成粉末，按 1：20（质量：体积，g/ml）加入

0.01mol/L PBS 后研磨匀浆;或按 1 : 20(质量 : 体积,g/ml)加入 0.01mol/L PBS 直接研磨嫩的水稻病叶;水稻匀浆液移至 1.5ml 离心管中,5000r/min 离心 3min。

2. 点样:用镊子取一张 NC 膜放至干净的培养皿内,取 $3\mu$l 植物提取液上清轻点到 NC 膜上,每取一个样换一个枪头。

3. 干燥:样品点膜完成后膜在室温下干燥 10~20min。

4. 封闭:把 NC 膜放入稀释好的 5% 脱脂奶粉封闭液中室温封闭 30~60min。

5. 一抗孵育:NC 膜放适当稀释的 SRBSDV 单克隆抗体中,室温缓慢水平转动 40~60min。

6. 洗涤:NC 膜放入 PBST 洗液中,轻轻晃动洗涤 NC 膜,每次洗涤 3min,共 4 次。

7. 二抗孵育:NC 膜放入适当稀释的 AP 标记羊抗鼠 IgG 二抗中,室温缓慢水平转动 40~60min。

8. 用 PBST 洗涤 NC 膜 4~6 次,每次 3min。

9. 显色底物液配制:在一个干净的平皿中先加入 10ml 底物缓冲液、$66\mu$l NBT 和 $33\mu$l BCIP 底物储备液,晃动混匀。

10. 显色及终止:将洗好的 NC 膜用滤纸吸干后放入上述显色底物液的培养皿中避光显色,待阳性对照显色明显,而阴性没有任何显色时终止反应,即在自来水中漂洗一下,洗去底物,肉眼观察结果,并拍照记录。

### 十、dot-ELISA 检测灰飞虱中水稻黑条矮缩病毒(RBSDV)的步骤

dot-ELISA 是以硝酸纤维素膜(NC 膜)为固相载体的 ELISA 检测方法,携带水稻黑条矮缩病毒的灰飞虱样品的匀浆液点到 NC 膜上,干燥形成固相抗原;加入水稻黑条矮缩病毒的鼠单抗,则单抗与固相抗原(RBSDV)形成抗原-抗体复合物;再加入辣根过氧化物酶(HRP)标记的羊抗鼠 IgG 抗抗体(即酶标二抗),则抗抗体与上述抗原-抗体复合物结合形成抗原-抗体-酶标抗抗体复合物;加入显色底物,复合物上的酶催化底物生成沉淀型有色产物而显色。由于每步之间均有洗涤的步骤,若待测灰飞虱样品中不含 RBSDV,则酶标抗体将被洗掉,底物不显色而呈阴性反应。肉眼观察斑点颜色有无及深浅来进行样品中 RBSDV 的定性和半定量检测。

1. 制样:在 $250\mu$l 离心管里每管加入 $50\mu$l 0.01mol/L PBS、单头灰飞虱,用牙签捣烂虫子。

2. 点样:用镊子取一张 NC 膜放至干净的培养皿内,取 $3\mu$l 虫子匀浆液轻点到 NC 膜上,每取一个样换一个枪头。

3. 干燥:样品点膜完成后膜在室温下干燥 10~20min。

4. 封闭:把 NC 膜放入稀释好的 5% 脱脂奶粉封闭液中室温封闭 30~60min。

5. 一抗孵育:NC 膜放入适当稀释的 RBSDV 鼠源单克隆抗体中,室温缓慢水平转动 40~60min。

6. 洗涤:NC 膜放入 PBST 洗液中,轻轻晃动洗涤 NC 膜,每次洗涤 3min,共 4 次。

7. 二抗孵育:NC 膜放入适当稀释的 HRP 标记羊抗鼠 IgG 二抗中,室温缓慢水平转动 40~60min。

8. 用 PBST 洗涤 NC 膜 4~6 次,每次 3min。

9. 显色:将洗好的 NC 膜用滤纸吸干后放入新培养皿中,加入适量 TMB 显色底物液即淹

没 NC 膜,盖上报纸遮光,肉眼观察结果,待阳性对照显色明显,阴性没有任何显色时记录检测结果,显色时间约 5～15min。

### 十一、Tissue print-ELISA 检测黄瓜绿斑驳花叶病毒(CGMMV)的步骤

Tissue print-ELISA 是以硝酸纤维素膜(NC 膜)为固相载体检测抗原的一种 ELISA 方法。将含抗原组织的刀片切割的植物组织切面立即印迹到 NC 膜上 3～5s,干燥后形成固相抗原;加入一抗,则一抗与固相抗原形成抗原-抗体复合物;加入碱性磷酸酯酶(AP)或辣根过氧化物酶(HRP)标记的二抗,则酶标二抗与上述 NC 膜上固化的抗原-抗体复合物结合形成抗原-抗体-酶标二抗复合物;加入底物后免疫复合物上的酶催化底物生成沉淀型有色产物而显色。由于每步之间均有洗涤的步骤,若待测样品中不含抗原则加入的一抗和酶标二抗将被洗掉,底物不显色而呈阴性反应。肉眼观察斑点颜色有无及深浅来进行样品中抗原的定性和半定量检测。

1. 将硝酸纤维素膜铺垫在一层干净的吸水纸上。

2. 然后用手术刀片将植物茎迅速横切。叶片需紧卷成筒后用刀片横切,并将横切面在膜上压印 3～5s。

3. 印迹膜在室温干燥 10min 后浸入含 5% 脱脂奶粉的 PBST 封闭液中,37℃ 封闭 40～60min。

4. 然后将 NC 膜放入含 CGMMV 单克隆抗体和 5% 脱脂奶粉的 PBST 抗体稀释液中,在水平摇床上缓慢摇动 1h。

5. 弃一抗反应液,用 PBST 于摇床上洗涤膜 3 次,每次 3min。

6. 然后置于用含 5% 脱脂奶粉的 PBST 抗体稀释液稀释的 AP 标记的羊抗鼠 IgG 二抗反应液中,在水平摇床上缓慢摇动 1h。

7. 弃二抗反应液,用 PBST 洗涤膜 5 次,每次 3min,最后用 PBS 洗涤 1 次以去除膜表面的吐温-20。

8. 10ml 底物缓冲液(0.1mol/L Tris・HCl,0.1mol/L NaCl,0.025mol/L $MgCl_2$,pH 9.5)中加入 66μl NBT 和 33μl BCIP 底物配制成显色底物。

9. 把 NC 膜放入显色底物中进行显色反应,肉眼观察结果。当阳性样品显色充分(紫色)而阴性样品没有任何显色时用自来水漂洗膜终止反应,拍照记录结果。

### 十二、胶体金免疫试纸条检测南方水稻黑条矮缩病毒(SRBSDV)的步骤

以硝酸纤维素膜为载体,利用微孔膜的毛细管作用,滴加在胶体金免疫试纸条加样孔处的含有南方水稻黑条矮缩病毒(SRBSDV)的水稻或白背飞虱样品匀浆液向试纸条另一端渗移,在移动过程中 SRBSDV 与胶体金结合垫上的胶体金标记的抗 SRBSDV 抗体结合,抗原-胶体金抗体结合物移动到另一个抗 SRBSDV 单克隆抗体包被的检测线处被捕获而聚集呈现红色反应线,多余的胶体金标记抗体和抗原-胶体金抗体结合物越过检测线继续向前移动至二抗包被的质控线处被捕获而聚集呈现红色反应线,而没有 SRBSDV 的样品在检测线处不出现红色反应线,仅在质控线处呈现红色反应线。

1. 样品制备:

(1)植物样品的制备:水稻、玉米植物样品称重后置于研钵中,用液氮研磨成粉末,按 0.1g

植物组织加 4ml 的比例加入 0.01mol/L PBS 于研钵中(不是特别老的水稻直接加 PBS 后研磨匀浆即可),继续研磨匀浆,匀浆液移至离心管中,5000r/min 离心 3min,或静置 5min。

(2)白背飞虱样品的制备:一头白背飞虱放入一个 0.5ml 的离心管中,加入 200～300μl 0.01mol/L PBS,用牙签粗端或 200μl 枪头捣烂飞虱呈匀浆液。

2. 点样:取 1 根胶体金免疫试纸条,平放,用吸管吸取植物样品上清液或白背飞虱匀浆液,滴 3 滴(约 200～300μl)于加样孔中。

3. 肉眼观察判断结果:5～10min 内判断结果,即检测线和对照线同时出现红色条带的样品为阳性,对照线出现红色条带而检测线未出现红色条带样品为阴性。若对照线和检测线均未出现红色条带,或仅在检测线出现红色条带而对照线不出现红色条带说明试纸条失效。

# 第四节　ELISA 注意事项

1. 包被用的抗原或抗体的蛋白浓度一般为 1～10μg/ml,但最好是通过预试验确定最佳工作浓度。

2. 在包被后,用 3% 脱脂奶粉或 0.5%～2% BSA 或 3%～10% 牛血清等封闭液进行封闭至关重要,不可省略。因为抗原或抗体包被后,固相载体表面往往尚残留少量未饱和的吸附位点,在随后反应中,会引起非特异性吸附,导致本底偏高。

3. 已包被好的酶标板在经过洗涤后,加入 0.01mol/L pH 7.2 的 Tris·HCl 缓冲液(含 0.2% NaN_3)或 10% 硫酸铵溶液(用 Tris·HCl 缓冲液配制),在 4～6℃ 或室温下可保存 3～6 个月。

4. 加底物前甩干的酶标板在空气中暴露的时间越长,吸光度越低。因此,切忌在操作中将大批酶标板洗涤后依次甩干,任其在空气中干燥。

5. 在进行双抗体夹心法时,不能只用一种单克隆抗体,而应选择针对不同抗原表位的两种单克隆抗体或由单抗和双抗组合的两种抗体。

6. 洗涤一定要充分,尤其是最后一步的洗涤,一般要洗 4～6 次。

7. NC 膜位于 2 张保护纸中间,不要用手直接触摸膜,用镊子和戴一次性 PE 手套取膜。

8. NC 膜上滴加检测样品的一面为正面,整个实验过程中应朝上。

9. 抗体在使用前 10min 之内稀释。

10. 底物显色液要现配现用。

# 附　　录

## 附录 1　细菌、酵母及核酸的贮存

### 一、细菌保存

大多数细菌贮液含有 7％二甲基亚砜（DMSO）或者 15％甘油，一般于－80℃长期保存。特定的株系和冻存时细胞的状态决定冻存细胞的生存能力。从一个单菌落开始，在合适的培养基中振荡过夜（10～15h）的培养物通常被用作贮液。

1. 甘油贮液：将 0.5ml 过夜培养液转入具有记号的 1.5ml 预冷的螺旋管，再加 0.5ml 灭菌的 30％甘油。盖上盖子，轻轻混合，于－80℃贮存。生长在多孔塑料板培养基中的细菌，培养基中含有 8％～10％的甘油，可直接于－80℃贮存。

2. DMSO 贮液：将 1ml 过夜培养液转入具有记号的 1.5ml 预冷的螺旋管内，再加 80μl DMSO（使用的 DMSO 试剂应是专门用于细菌贮液配制的，决不能从贮液瓶中直接吸出。采用无菌操作的方法将 DMSO 试剂分成小份，用小份的 DMSO 配制培养液）后盖上盖子，轻轻混合，于－80℃贮存。不同株系在贮液中细胞的长期生存能力不同，已知一些株系保存在 DMSO 中 10 年还具有良好的生存能力。

3. 冻存细菌的恢复：从冻存在 DMSO 或甘油中的细菌贮液，利用灭菌环、灭菌牙签或灭菌一次性枪头伸入贮液，在合适的琼脂平板（如 LB 琼脂平板）上划线，37℃过夜培养以获取单克隆。将细菌贮液重新盖上盖子，再于－80℃贮存。平板上的克隆能够在一周内用于接种培养，在这期间平板应倒置保存在 4℃。

### 二、酵母贮存

典型的酵母保存液是含有 20％甘油的培养液，可在－80℃长期保存。冻存酵母细胞的生存能力取决于不同株系和冻存时的细胞状态。

在合适的平板上划线，30℃培养 2 天以获取单克隆。从平板上挑取火柴头大小的细胞接种于 6ml 的 YPD 培养基。30℃振荡过夜培养后，加 2ml 灭菌的 80％甘油，充分混合，分成 0.5ml 的小份转移到冻存管中，充分摇动后冻存于－80℃。用这种方法制备的酵母株系可永久地贮存于－80℃。酵母如果冻存的温度高于－55℃则趋向于死亡。注意：冻存之前生长在 YPD 培养基上的酵母比生长在选择性培养基上的酵母具有更强的生存力。

冻存酵母的恢复：决不要融化冻存的酵母贮液。而用一个灭菌环、灭菌的牙签或灭菌的一次性枪头伸入贮液，在合适的琼脂平板（例如 YPD 或选择性琼脂平板）上划线，30℃培养 2 天以获取单菌落。原管重新盖好盖子再贮存于－80℃。在 YPD 琼脂平板上的酵母能在 4℃保存近 6 个月，而在选择性琼脂平板（即添加附加成分的 SC 平板）上保存只能约 2 个月。在这期间平板应倒置保存于 4℃。为了长期保存，可将平板密封或放入袋内以免平板干燥。添加腺嘌呤的 YPD 培养基能够抵抗在 4℃保存中 ade2 株系产生的红色素引起的毒性。

### 三、DNA 贮存

由于在分离过程中 DNA 有可能被所用的化学试剂污染,所以不纯 DNA 样品常不能很好贮存。重金属污染和酚氧化降解产物等都能引起磷酸二酯键的断裂。紫外照射引起胸腺嘧啶二聚体和交联体的产生,导致生物活性丧失。在分子氧和可见光的条件下,溴化乙锭引起光氧化作用。

DNA 的贮存:作为一般原则,DNA 纯度越高在任何条件下贮存的时间会越长。DNA 溶液一般是溶解在 TE(pH 8.0)中。DNA 的长期贮存应该具有高盐浓度(至少 1mol/L NaCl 或其他盐分)和 10mmol/L 的 EDTA(与重金属螯合)。纯化的 DNA 质粒可在−20℃贮存 1 年以上,如果是较长时间保存,建议贮存在−80℃。干的 DNA 沉淀可在−20℃贮存 6 个月,而用乙醇沉淀的 DNA 可以在−80℃无限期保存。

### 四、RNA 贮存

由于 RNA 很容易被 RNA 酶降解,所以一般不能长时间保存,建议现提现用。为了增加贮存 RNA 样品的稳定性,可以将 RNA 溶解在无 RNA 酶的去离子的甲酰胺中,存于−70℃。总 RNA 经 Trizol 试剂提取后溶解于无 RNA 酶的 DEPC 水后于−80℃冰箱短时间保存,一般纯化的 RNA 可溶在 70%乙醇中保存于−80℃冰箱。

# 附录 2　常用试剂、溶液及缓冲液的配制

### 一、基本要求

分子生物学所用试剂必须是分析纯或分子生物学试剂级。溶液配制所用水尽可能使用灭菌、蒸馏、去离子的水(建议用 MilliQ 过滤系统或类似系统进行过滤)。除非有特殊的说明,大部分配制的溶液需用 0.22μm 孔径滤膜过滤除菌或者高压灭菌(15psi,121℃,20~30min)。使用高压灭菌的水、灭过菌的容器以及灭过菌的贮液来配制溶液,会延长所配溶液的使用时间。用干燥的化学试剂和无菌水配制的溶液一般不需要再灭菌;有些酸、碱和一些有机化合物溶液也不需要灭菌,因为微生物不能在这些溶液中生长。制备的溶液应分成小份保存。如果没有特殊说明,则所有贮液和缓冲液至少能在室温下贮存六个月。作为贮液应贮存在 4℃或−20℃,使用时取出待达到室温后再开启,以防止试剂内的缩合作用,确保度量精确。

以质量浓度表示的溶液浓度是指 100ml 溶液中溶质的质量,质量单位为 g;以体积分数表示的溶液浓度是指总体积为 100ml 溶液中各组成成分的体积,体积单位为 ml。缓冲液的 pH 为 25℃时溶液的 pH。

## 二、浓酸和浓碱的浓度

| 浓酸、浓碱名称 | 质量分数(%) | 物质的量浓度(mol/L) |
|---|---|---|
| 冰醋酸 | 90～100 | 17.4 |
| 甲酸 | 90 | 23.4 |
| 盐酸 | 36 | 11.6 |
| 硝酸 | 70 | 15.7 |
| 磷酸 | 85 | 14.6 |
| 硫酸 | 95 | 18 |
| 氨水 | 28($NH_3$) | 14.8 |
| 氢氧化钾 | 50 | 13.5 |
| 氢氧化钠 | 50 | 19.1 |

## 三、常用贮液与溶液

**1mol/L 亚精胺(spermidine)**

溶解 2.55g 亚精胺(相对分子质量为 254.6)于足量的水中,使终体积为 10ml。分装成小份贮存于－20℃。不需将溶液灭菌。

**1mol/L 精胺(spermine)**

溶解 3.48g 精胺(相对分子质量为 348.2)于足量的水中,使终体积为 10ml。分装成小份后于－20℃贮存。溶液无须灭菌。

**10mol/L 乙酸铵(ammonium acetate)**

将 77.1g 乙酸铵(相对分子质量为 77.1)溶解于水中,加水定容至 1L 后,用 0.22$\mu$m 孔径滤膜过滤除菌。

**10mg/ml 牛血清蛋白(BSA)**

加 100mg 牛血清蛋白(组分为分子生物学试剂级,无 DNA 酶)于 9.5ml 水中(为了减少变性,须将蛋白加入水中,而不是将水加入蛋白中),盖好盖后,轻轻摇动,直到牛血清蛋白完全溶解为止。不要涡旋混合(涡旋将产生泡沫,泡沫是蛋白变性的结果)。加水定容到 10ml,然后分装成小份于－20℃保存。该溶液不用高压灭菌。

**1mol/L 二硫苏糖醇(DTT)**

配制 1mol/L 二硫苏糖醇溶液的最简单方法是:在 5g 二硫苏糖醇的原装瓶中加 32.4ml 水,分成小份于－20℃贮存,该法避免了称量步骤;另一配制方法是转移 100mg 二硫苏糖醇(相对分子质量为 154.25)至微量离心管中,加 0.65ml 的水配制成 1mol/L 二硫苏糖醇溶液。配制的溶液无须灭菌。

### 8mol/L 乙酸钾(potassium acetate)

溶解 78.5g 乙酸钾(相对分子质量为 98.14)于足量的水中,加水定容到 100ml。

### 1mol/L 氯化钾(KCl)

溶解 7.46g 氯化钾(相对分子质量为 74.55)于足量的水中,加水定容到 100ml。

### 3mol/L 乙酸钠(sodium acetate)

溶解 40.8g 三水乙酸钠(相对分子质量为 136.1)于约 90ml 水中,用冰醋酸调溶液的 pH 至 5.2,再加水定容到 100ml。

### 0.5mol/L EDTA

配制 0.5mol/L EDTA 贮液的最简单方法是:配制等摩尔的 $Na_2EDTA$ 和 NaOH 溶液(如 0.5mol/L),混合后形成 EDTA 的三钠盐(三钠盐比二钠盐易溶解)。该溶液的 pH 应接近 8,可满足所有分子生物学实验的需要。配制 0.5mol/L EDTA 的另一种方法是称取 186.1g $Na_2EDTA \cdot 2H_2O$(相对分子质量为 372.2)和 20g NaOH(相对分子质量为 40),溶于水中,最后定容至 1L。

### 1mol/L HEPES

将 23.8g HEPES(HEPES 为 4-羟乙基哌嗪乙磺酸,相对分子质量为 238.3)溶于约 90ml 水中,用氢氧化钠调 pH(常用的 pH 范围为 6.8~8.2),然后用水定容到 100ml。

### 1mol/L HCl

标准浓盐酸的质量分数为 36% 或 11.6mol/L。加 8.6ml 浓盐酸至 91.4ml 水中即可配成 100ml 1mol/L 盐酸溶液。为了避免飞溅引起严重烧伤,常加酸于水中,而不可加水于酸中。该溶液无须灭菌。

### 25mg/ml IPGT

溶解 250mg IPGT(IPGT 为异丙基硫代-β-D-半乳糖苷,相对分子质量为 238.3)于 10ml 灭菌去离子水中,分成小份于 −20℃ 贮存。此溶液不能高压灭菌,可以用细菌过滤器过滤除菌。

### 1mol/L $MgCl_2$

溶解 20.3g 氯化镁($MgCl_2 \cdot 6H_2O$,相对分子质量为 203.3)于足量水中,定容到 100ml。

### 100mmol/L PMSF

溶解 174mg PMSF(PMSF 为苯甲基磺酰氟,相对分子质量为 174.2)于足量异丙醇中,并定容到 10ml。分成小份并用铝箔将装液管包裹后于 −20℃ 贮存。此溶液无须灭菌。

### 20mg/ml 蛋白酶 K(proteinase K)

将 200mg 蛋白酶 K 加入 9.5ml 灭菌去离子水中(为了减少变性,须加蛋白质于水中,而非加水于蛋白质中),轻轻摇动盖紧盖的管子,直到蛋白酶 K 完全溶解为止。定容到终体积 10ml。不要涡旋混合,否则会产生泡沫,使蛋白质变性。分装成小份于－20℃贮存。此溶液不能高压灭菌,用细菌过滤器除菌。

### 10mg/ml RNase(无 DNase)(DNase-free RNase)

溶解 10mg RNA 酶于 1ml 10mmol/L 乙酸钠水溶液中(pH 5.0)。溶解后于水浴中煮沸 15min,使 DNA 酶失活。用 1mol/L Tris • HCl 调 pH 至 7.5,于－20℃贮存。此溶液一般无须灭菌。为了避免 RNase 被污染,要戴上手套,并避免 RNase 溶液与 RNA 实验所用的实验台或仪器表面接触。

### 10mg/ml 蛙鱼精 DNA(salmon sperm DNA)

被剪断、变性的蛙鱼精 DNA(10mg/ml)有商品出售,但相当昂贵。比较经济的蛙鱼精 DNA 贮液可在实验室自行配制,但配制过程所需时间较长。蛙鱼精 DNA 贮液的配制方法如下:可溶 1g 干的蛙鱼精 DNA 于 100ml 水中,至少需搅拌 1 天。加氯化钠至终浓度 100mmol/L 后用酚抽提。用超声波或重复通过 16～18 号注射针头 15 次至 20 次以剪断提取的 DNA。根据适当大小的 DNA 标准物用琼脂糖凝胶分析 DNA 片段的大小。用于杂交,理想的 DNA 大小范围为 500～1000bp;而用于酵母乙酸锂转化,5～10kb 大分子量的蛙鱼精 DNA 更适合用作载体。将 DNA 用乙醇沉淀后溶于水中,终浓度为 10mg/ml。分装成小管(如 10ml),置于水浴中煮沸 10min 使 DNA 变性后,迅速在冰浴中冷却,于－20℃贮存。每次使用前要煮沸并冰浴冷却。此溶液一般无须灭菌。

### 5mol/L 氯化钠(NaCl)

溶解 29.2g 氯化钠(相对分子质量为 58.44)于足量的水中,加水定容至 100ml。

### 10mol/L 氢氧化钠(NaOH)

配制 10mol/L 氢氧化钠溶液应加 400g 氢氧化钠(相对分子质量为 40)颗粒于正在用磁力搅拌器搅拌的含有约 0.9L 水的(放置在冰盒上的)烧杯中(不要加水于氢氧化钠颗粒中)。氢氧化钠颗粒完全溶解后,用水定容至 1L。此溶液无须灭菌。配制浓的氢氧化钠溶液(如 10mol/L)是一个放热反应,须高度警惕以防被试剂烧伤或玻璃容器破裂。在配制 10mol/L 氢氧化钠溶液时,为了避免使用氢氧化钠颗粒,可购买浓的氢氧化钠溶液。加 524ml 的 50%氢氧化钠溶液(19.1mol/L)于正在用磁力搅拌器搅拌的 476ml 水中即可。

### 10%(质量浓度)十二烷基硫酸钠(SDS)

称取 100g 十二烷基硫酸钠,慢慢地转移到约含 0.9L 水的烧杯中,用磁力搅拌器搅拌直到完全溶解为止,用水定容到 1L。如有需要也可以配制 20%十二烷基硫酸钠贮液(1L 溶液中含 200g 十二烷基硫酸钠)。此溶液无须灭菌。

### 2mol/L 山梨(糖)醇(sorbitol)

将 36.4g 山梨(糖)醇(相对分子质量为 182.2)溶于足量的水中,使终体积为 100ml。

### 质量分数为 100%的三氯乙酸(TCA)

最安全的配制三氯乙酸(TCA)贮液的方法是避免称量三氯乙酸试剂,可直接在装有 500g 三氯乙酸的试剂瓶中加入 100ml 水(三氯乙酸水溶性强)。用磁力搅拌器搅拌直到完全溶解为止。如果需要可再加一些水,用水调终体积为 500ml,并贮存在棕色瓶中。此溶液无须灭菌。三氯乙酸在浓度低于 30%时会进行分解,稀释液应在临用前配制。

### 2.5% X-Gal

溶解 25mg X-Gal(5-溴-4-氯-3-吲哚-β-D-半乳糖苷)于 1ml 二甲基甲酰胺(DMF),用铝箔包裹装液管,于－20℃贮存。该溶液无须灭菌。

### 100×Denhardt 试剂(Denhardt's reagent)

依照下表称取各组分,溶于水中并定容。过滤除菌及杂质。分装成小份于－20℃保存。

| 成分及终浓度 | 配制 100ml 溶液各成分的用量 |
| --- | --- |
| 2%聚蔗糖(Ficoll,400 型) | 2g |
| 2%聚乙烯吡咯烷酮(PVP-40) | 2g |
| 2% BSA(组分 V) | 2g |
| 去离子水 | 加水至总体积为 100ml |

### 10×标准 DNA 连接酶缓冲液(standard DNA ligase buffer)

已有关于不同条件下的 T4 噬菌体 DNA 连接酶缓冲液的报道,这里仅给出粘端、平端连接的标准缓冲液。配制平端连接缓冲液时推荐使用选项中的亚精胺。

| 成分及终浓度 | 配制 10ml 溶液各成分的用量 |
| --- | --- |
| 0.5mol/L Tris·HCl | 5ml 1mol/L 贮液(25℃下 pH 7.6) |
| 100mmol/L MgCl$_2$ | 1ml 1mol/L 贮液 |
| 100mmol/L DTT | 1ml 1mol/L 贮液 |
| 2mmol/L ATP | 200μl 100mmol/L 贮液 |
| 5mmol/L 盐酸亚精胺(可选) | 50μl 1mmol/L 贮液 |
| 0.5mg/ml BSA(组分 V)(可选) | 0.5ml 10mg/ml 溶液 |
| 去离子水 | 2.25ml |

将配制好的缓冲液分装成小份,于－20℃贮存。一般无须灭菌。

### 100mmol/L dNTP 溶液(dNTP solutions)

可以购买到 100mmol/L 纯 dNTP 贮液,可在－80℃至少贮存 6 个月。若要配制

100mmol/L dNTP 贮液,须将适量的 dNTP 溶于灭菌去离子水中,用 1mol/L Tris 碱调 pH 近似 7.0,再确定 dNTP 溶液的准确浓度。配制的 100mmol/L dNTP 溶液常发现只有 85～95mmol/L,因此推荐加入的水应少于计算的量。一般无须灭菌。

　　为了确定贮存液的浓度,用 10mmol/L Tris·HCl 或磷酸缓冲液(pH 7.0)逐步稀释 100mmol/L dNTP 贮液为 10μmol/L,形成一系列不同浓度的 dNTP 溶液。用稀释液调整分光光度计的数值为零,用路径为 1cm 的石英杯装待测溶液进行测定。在下表给定的波长下,读取每个溶液的 OD 值。利用下表列出的消光系数(ε),用下式计算每个 dNTP 溶液的浓度:

$$物质的量浓度 = \frac{OD \times 稀释倍数}{ε}$$

| dNTP | 波长(nm) | ε(mol·L$^{-1}$·cm$^{-1}$) | dNTP | 波长(nm) | ε(mol·L$^{-1}$·cm$^{-1}$) |
|---|---|---|---|---|---|
| dATP | 259 | $1.54 \times 10^4$ | dGTP | 253 | $1.37 \times 10^4$ |
| dCTP | 271 | $9.10 \times 10^3$ | dTTP | 260 | $7.40 \times 10^3$ |

　　注意:许多方案要求 dNTP 混合物中各 dNTP 应为同一浓度(一般是 0.5～10mmol/L)。例如,10mmol/L dNTP 混合液中有 4 种 dNTP,每种 dNTP 浓度为 10mmol/L。用水稀释高浓度 dNTP 贮液配制 10mmol/L dNTP 混合液的方法是依照下表在 1ml 微量离心管中将各成分混匀。混合液可在 −20℃ 至少贮存 6 个月。

### 10mmol/L dNTP 混合液

| 成分及终浓度 | 配制 20μl 各成分的用量 |
|---|---|
| 10mmol/L dATP | 2μl 100mmol/L dATP 贮液 |
| 10mmol/L dCTP | 2μl 100mmol/L dCTP 贮液 |
| 10mmol/L dGTP | 2μl 100mmol/L dGTP 贮液 |
| 10mmol/L dTTP | 2μl 100mmol/L dTTP 贮液 |
| 去离子水 | 12μl |

### 20% PEG 8000/2.5mol/L NaCl

| 成分及终浓度 | 配制 10ml 溶液各成分的用量 |
|---|---|
| 质量浓度为 20% 的聚乙二醇 | 20g |
| 2.5mol/L 氯化钠 | 50ml 5mol/L 氯化钠或 14.6g 固体氯化钠 |
| 去离子水 | 补足 100ml |

　　加聚乙二醇于含有氯化钠(相对分子质量为 58.44)的烧杯中,加水至终体积 100ml,用磁力搅拌器搅拌溶解。

**20 × SSC**

| 成分及终浓度 | 配制 1L 溶液各成分的用量 |
|---|---|
| 300mmol/L 柠檬酸三钠(二水) | 88.2g |
| 3mol/L 氯化钠 | 175.3g |
| 去离子水 | 补足至 1L |

溶解柠檬酸三钠(二水)(相对分子质量为 294.1)和氯化钠(相对分子质量为 58.44)于约 0.9L 水中,加几滴 10mol/L 氢氧化钠溶液调 pH 为 7.0,用水补足体积至 1L。

### DEPC 处理水

加 $100\mu l$ DEPC(焦碳酸二乙酯)于 100ml 水中,使 DEPC 的体积分数为 0.1%。在 37℃至少温浴 12h,然后在 15psi 条件下高压灭菌 20min,以使残余的 DEPC 失活。DEPC 会与胺起反应,不可用 DEPC 处理 Tris 缓冲液。

### 磷酸缓冲液(phosphate buffer)

按照下表所给定的体积,混合 1mol/L 磷酸二氢钠(单碱)和 1mol/L 磷酸氢二钠(双碱)贮液,获得所需 pH 的磷酸缓冲液。配制 1mol/L 的贮液:对于磷酸二氢钠($NaH_2PO_4 \cdot H_2O$)(相对分子质量为 138)须溶解 138g 于足量的水中,使终体积为 1L;而对于磷酸氢二钠($Na_2HPO_4$)(相对分子质量为 142)须溶解 142g 于足量的水中,使终体积为 1L。

| 1mol/L 磷酸二氢钠体积(ml) | 1mol/L 磷酸氢二钠体积(ml) | 最终 pH 值 |
|---|---|---|
| 877 | 123 | 6.0 |
| 850 | 150 | 6.1 |
| 815 | 185 | 6.2 |
| 775 | 225 | 6.3 |
| 735 | 265 | 6.4 |
| 685 | 315 | 6.5 |
| 625 | 375 | 6.6 |
| 565 | 435 | 6.7 |
| 510 | 490 | 6.8 |
| 450 | 550 | 6.9 |
| 390 | 610 | 7.0 |
| 330 | 670 | 7.1 |
| 280 | 720 | 7.2 |

**TE**

| 成分及终浓度 | 配制 100ml 溶液各成分的用量 |
|---|---|
| 10mmol/L Tris • HCl | 1ml 1mol/L Tris • HCl(pH 7.4~8.0,25℃) |
| 1mmol/L EDTA | $200\mu l$ 0.5mol/L EDTA(pH 8.0) |
| 去离子水 | 98.8ml |

这个标准缓冲液用于悬浮和贮存 DNA。

### Tris·HCl 缓冲液(Tris·HCl buffer)

配制 1L 缓冲液,需要将 121g Tris 碱溶解于约 0.9L 水中,再根据所要求的 pH(在 25℃下)加一定量浓盐酸(11.6mol/L),用水调整终体积至 1L。

| 浓盐酸的体积(ml) | pH | 浓盐酸的体积(ml) | pH |
|---|---|---|---|
| 8.6 | 9.0 | 46 | 8.0 |
| 14 | 8.8 | 56 | 7.8 |
| 21 | 8.6 | 66 | 7.6 |
| 28.5 | 8.4 | 71.3 | 7.4 |
| 38 | 8.2 | 76 | 7.2 |

注意:一些 pH 电极不能精确测定 Tris 缓冲液的 pH。Tris 具有显著的温度效应,随着溶液温度从 25℃降到 5℃,则 pH 平均每度增加 0.03 单位;反过来,随着温度从 25℃上升到 37℃,则 pH 平均每度减少 0.025单位。

## 四、电泳缓冲液、染料和凝胶加样液

### 50×Tris-乙酸(TAE)缓冲液

| 成分及终浓度 | 配制 1L 溶液各成分的用量 |
|---|---|
| 2mol/L Tris 碱 | 242g |
| 1mol/L 乙酸 | 57.1ml 冰醋酸(17.4mol/L) |
| 100mmol/L EDTA | 200ml 0.5mol/L EDTA(pH 8.0) |
| 去离子水 | 补足 1L |

该缓冲液不具有 TBE 缓冲液的缓冲容量。

### 5×Tris·硼酸(TBE)缓冲液

| 成分及终浓度 | 配制 1L 溶液各成分的用量 |
|---|---|
| 445mmol/L Tris 碱 | 54g |
| 445mmol/L 硼酸盐 | 27.5g 硼酸 |
| 10mmol/L EDTA | 20ml 0.5mol/L EDTA(pH 8.0) |
| 去离子水 | 补足水 1L |

Tris·硼酸(TBE)缓冲液可以配制成 5× 或者 10× 的贮液,但 10× 的贮液在贮存过程中会发生沉淀。1×Tris·硼酸(TBE)缓冲液(pH 8.3)的成分浓度分别为 89mmol/L Tris,89mmol/L 硼酸盐和 2mmol/L EDTA。

### 1%溴酚蓝(bromophenol blue)

加 1g 水溶性钠型溴酚蓝于 100ml 水中,搅拌或涡旋混合直到完全溶解。该溶液一般不需灭菌。

### 1%二甲苯青 FF(xylene cyanole FF)

溶解 1g 二甲苯青 FF 于足量的水中,定容到 100ml。该溶液无须灭菌。

### 10mg/ml 溴化乙锭(ethidium bromide)

为了避免溴化乙锭粉剂弥散,小心称取 1g 溴化乙锭,转移到广口瓶中,加 100ml 水,用磁力搅拌器搅拌,直到完全溶解。用铝箔包裹装液管,于 4℃贮存。该试剂在分子生物学实验室经常使用,所以一次一般配制 100ml 贮液。溴化乙锭溶液不需灭菌。

### 凝胶上样液(gel-loading solution)

在进行琼脂糖或聚丙烯酰胺凝胶分析时,加到 DNA 样品中的凝胶上样液可含有蔗糖、甘油或者聚蔗糖以增加样品密度的溶质。密度大的样品可均匀地沉至加样孔的底部。染料在凝胶上的位置指示着电泳的进程。在 0.5×TBE 缓冲液中,溴酚蓝移动的位置大约为线性双链 DNA 的 300bp 的电泳位置,而二甲苯青 FF 移动的位置大约为线性双链 DNA 的 4kb 的电泳位置。下面应用的染料指示剂的终浓度为 0.15%～0.25%。一般凝胶上样液无须灭菌。一般用量为加 2μl 的 6×上样液于 10μl 样品溶液中,或者加 1μl 的 10×上样液于 9μl 样品溶液中。

### 6×碱性凝胶上样液

| 成分及终浓度 | 配制 10ml 溶液各成分用量 |
| --- | --- |
| 0.3mol/L 氢氧化钠 | 300μl 10mol/L 氢氧化钠 |
| 6mmol/L EDTA | 120μl 0.5mol/L EDTA(pH 8.0) |
| 18%聚蔗糖(400 型) | 1.8g |
| 0.15%溴酚蓝 | 15mg |
| 0.25%二甲苯青 FF | 25mg |
| 去离子水 | 补足水到 10ml |

注意:室温贮存。

## 6×聚蔗糖凝胶上样液

| 成分及终浓度 | 配制 10ml 溶液各成分用量 |
| --- | --- |
| 0.15％溴酚蓝 | 1.5ml 1％溴酚蓝 |
| 0.15％二甲苯青 FF | 1.5ml 1％二甲苯青 FF |
| 5mmol/L EDTA | 100μl 0.5mol/L EDTA(pH 8.0) |
| 15％聚蔗糖(400 型) | 1.5g |
| 去离子水 | 补足水到 10ml |

注意:室温贮存。

## 6×溴酚蓝/二甲苯青/聚蔗糖凝胶上样液

| 成分及终浓度 | 配制 10ml 溶液各成分用量 |
| --- | --- |
| 0.25％溴酚蓝 | 2.5ml 1％溴酚蓝 |
| 0.25％二甲苯青 FF | 2.5ml 1％二甲苯青 FF |
| 15％聚蔗糖(400 型) | 1.5g |
| 去离子水 | 补足水到 10ml |

注意:室温贮存。

## 6×甘油凝胶上样液

| 成分及终浓度 | 配制 10ml 溶液各成分用量 |
| --- | --- |
| 0.15％溴酚蓝 | 1.5ml 1％溴酚蓝 |
| 0.15％二甲苯青 FF | 1.5ml 1％二甲苯青 FF |
| 5mmol/L EDTA | 100μl 0.5mol/L EDTA(pH 8.0) |
| 30％甘油 | 3ml |
| 去离子水 | 3.9ml |

注意;于 4℃贮存。

## 6×蔗糖凝胶上样液

| 成分及终浓度 | 配制 10ml 溶液各成分用量 |
| --- | --- |
| 0.15％溴酚蓝 | 1.5ml 1％溴酚蓝 |
| 0.15％二甲苯青 FF | 1.5ml 1％二甲苯青 FF |
| 5mmol/L EDTA | 100μl 0.5mol/L EDTA(pH 8.0) |
| 40％蔗糖 | 4g |
| 去离子水 | 补足水到 10ml |

注意:于室温贮存。

**10×十二烷基硫酸钠/甘油凝胶上样液**

| 成分及终浓度 | 配制 10ml 溶液各成分用量 |
| --- | --- |
| 200mmol/L EDTA | 4ml 0.5mol/L EDTA(pH 8.0) |
| 0.1%十二烷基硫酸钠(SDS) | 100μl 10% SDS |
| 50%甘油 | 5ml |
| 0.2%溴酚蓝 | 20mg |
| 0.2%二甲苯青 FF | 20mg |
| 去离子水 | 补足水到 10ml |

注意:于室温贮存。

# 附录 3　常用培养基和抗生素的配制

## 一、一般要求

配制培养基时体积一般为 1L。液体培养基在分装入用于培养的三角瓶(三角瓶体积最好为液体培养基体积的 5 倍,使培养细胞具有充足的生长空间)或者分装成比较方便的小瓶后再进行高压灭菌。在操作刚高压灭过菌的液体培养基时应十分小心,应戴上隔热手套,不要涡旋热的溶液,因为涡旋会使过热的培养基冒出容器。

1.培养基的配制

一般将培养基的成分加入 0.9L 水中,在三角瓶中摇动(至少应是 2L 的三角瓶),或者用磁力搅拌器搅拌直到溶解为止(琼脂在高压灭菌前不需要完全溶解)。调整溶液的 pH 后,用水补足终体积为 1L。用铝箔或者合适的盖子盖上三角瓶后(但不要盖紧)高压灭菌。

2.培养基平板的准备

戴上隔热手套,将按上述方法配制并高压灭过菌的培养基溶液小心地摇动以充分混合,在设置 55℃的水浴锅中保温约 30min 后,将培养基溶液倒入培养皿。直径 9cm 的培养皿约倒 20ml,直径 15cm 的培养皿约倒 100ml。在室温下使培养基凝固后倒置,在 4℃保存。另一个较为方便的方法是在三角瓶中配制培养基,凝固后室温贮存。用时在微波炉中加热融化,再倒平板。

3.上层琼脂培养基的准备

方法同培养基的配制,只是如果可能的话,在灭菌和添加琼脂之前,将培养基分成 100ml 的小份于可高压灭菌的瓶中,加入适量的琼脂粉(用于细菌培养的上层琼脂培养基,每 100ml 培养基加 0.7g 琼脂粉)后高压灭菌,在室温下凝固。使用前小心地在微波炉或者煮沸的水浴中融化上层琼脂培养基。在加热前一定记住松开瓶口盖子。注意:过热的培养基或者涡旋热的溶液容易起泡,甚至喷出瓶外。在 45～48℃保温约 30min 后倒平板。

### 二、常用培养基

#### LB 培养基
将下列组分溶解在 0.9L 水中：蛋白胨 10g，酵母提取物 5g，氯化钠 10g，如果需要，用 1mol/L NaOH 溶液调整 pH 至 7.0，再补足水至 1L。注意：琼脂平板需添加琼脂粉 12g/L，上层琼脂平板添加琼脂粉 7g/L。

#### SOB 培养基
将下列组分溶解在 0.9L 水中：

| | |
|---|---|
| 蛋白胨 | 20g |
| 酵母提取物 | 5g |
| 氯化钠 | 0.5g |
| 1mol/L 氯化钾 | 2.5ml |

用水补足体积到 1L。分成 100ml 的小份，高压灭菌。培养基冷却到室温后，再在每 100ml 的小份中加 1ml 灭过菌的 1mol/L 氯化镁溶液。

#### SOC 培养基
配制 SOC 培养基与配制 SOB 培养基的成分、方法相同，只是在培养基冷却到室温后，除了在每 100ml 的小份中加 1ml 灭过菌的 1mol/L 氯化镁溶液外，再加 2ml 灭菌的 1mol/L 葡萄糖溶液（18g 葡萄糖溶于足够的水中，再用水补足到 100ml，用 $0.22\mu m$ 的滤膜过滤除菌）。

#### TB 培养基
将下列组分在 0.9L 水中混合：

| | |
|---|---|
| 蛋白胨 | 12g |
| 酵母提取物 | 24g |
| 甘油 | 4ml |

各组分溶解后高压灭菌。冷却到 60℃，再加 100ml 灭菌的 170mmol/L $KH_2PO_4$/ 0.72mol/L $K_2HPO_4$ 溶液（2.31g $KH_2PO_4$ 和 12.54g $K_2HPO_4$ 溶在足够水中，使终体积为 100ml，高压灭菌或用 $0.22\mu m$ 的滤膜过滤除菌。

#### YPD 培养基
将下列试剂加到 0.9L 水中混合：

| | |
|---|---|
| 蛋白胨 | 20g |
| 酵母提取物 | 10g |
| 葡萄糖 | 20g |

用水补足体积为 1L 后，高压灭菌。建议在高压灭菌之前，对色氨酸营养缺陷型每升培养基添加 1.6g 色氨酸，因为 YPD 培养基是色氨酸限制型培养基。为了配制平板，需要在高压灭菌前加入 20g 琼脂粉。

## PAD 培养基

将下列试剂加到 0.9L 水中混合：

| | |
|---|---|
| 可溶性淀粉 | 200g |
| 蔗糖或葡萄糖 | 15g |

调 pH 至 7.0～7.2，用水补足至 1L，高压灭菌。

### 三、常用抗生素

尽可能购买水溶性盐型的抗生素（钠盐、盐酸盐或硫酸盐），所有贮液可用灭菌水或无水乙醇配制。受化学试剂性质的限制，不需要再灭菌。小量的乙醇加到培养基或平板中不会产生不良后果。

#### 100mg/ml 氨苄青霉素（ampicillin）

溶解 1g 氨苄青霉素钠盐于足量的水中，最后定容至 10ml。分装成小份于 −20℃ 贮存。氨苄青霉素是青霉素的衍生物，只对正在生长的细胞具有杀菌作用，它阻碍肽聚糖的交联导致细胞壁合成受阻。由 *bla* 基因编码的 β-内酰胺酶通过剪切氨苄青霉素的 β-内酰胺环而产生抗性。氨苄青霉素常以 25～50$\mu$g/ml 的终浓度添加于生长培养基。

#### 50mg/ml 羧苄青霉素（carbenicillin）

将 0.5g 羧苄青霉素二钠溶于足量的水中，定容至终体积 10ml。分装成小份于 −20℃ 贮存。像氨苄青霉素一样，羧苄青霉素也是青霉素的衍生物，常以 25～50$\mu$g/ml 的终浓度添加于生长培养基。

#### 10mg/ml 卡那霉素（kanamycin）

溶解 100mg 卡那霉素一硫酸盐于足量的水中，定容至终体积为 10ml。分装成小份于 −20℃ 贮存。卡那霉素抑制细菌是因为它阻遏 70S 核糖体亚基在蛋白质合成中的转位。氨基糖苷修饰酶可以对卡那霉素进行修饰，阻遏它的抑制活性而产生抗性。卡那霉素常以 10～50$\mu$g/ml 的终浓度添加于生长培养基。

#### 25mg/ml 氯霉素（chloramphenicol）

溶解 250mg 氯霉素于足量的无水乙醇中，定容至终体积 10ml。分装成小份于 −20℃ 贮存。氯霉素抑制细菌的机理是阻遏蛋白质的合成。由 *cam* 基因编码的氯霉素转乙酰酶通过氯霉素的乙酰化，阻止它的抑制活性而产生抗性。氯霉素常以 12.5～25$\mu$g/ml 的终浓度添加于生长培养基。为了完全抑制寄主蛋白质的合成，使用的最高浓度为 170$\mu$g/ml。

#### 50mg/ml 链霉素（streptomycin）

溶解 0.5g 链霉素硫酸盐于足量的无水乙醇中，定容至终体积为 10ml。分装成小份于 −20℃ 贮存。链霉素抑制细菌的机理是作用于 30S 核糖体亚基的 S12 蛋白，抑制蛋白质的合成。编码 S12 蛋白基因（*rpsL*）的突变体阻遏链霉素的结合而产生抗性。氨基糖苷磷酸转移酶也能使其失活。链霉素常以 10～50$\mu$g/ml 的终浓度添加于生长培养基。

# 参 考 文 献

［1］李德葆,周雪平,许建平,等.基因工程操作技术.上海:上海科学技术出版社,1996.

［2］周雪平,樊龙江,舒庆尧.破译生命密码:基因工程.杭州:浙江大学出版社,2002.

［3］刘进元,等.分子生物学实验指导.北京:清华大学出版社,2002.

［4］奥斯伯,布伦特,金斯顿,等.精编分子生物学实验指南:第五版.金由辛,包慧中,赵丽云,等译校.北京:科学出版社,2008.

［5］阎隆飞,张玉麟.分子生物学.北京:中国农业大学出版社,2001.

［6］萨姆布鲁克,拉塞尔.分子克隆实验指南.3版.黄培堂,等译.北京:科学出版社,2008.